5

やさしい化学30講 シリーズ

化学英語30講
リーディング・文法・リスニング

宮本惠子［著］

朝倉書店

42, 44-45, 48, 50-52, 142-143, 146-148, 150, 152-154, 156 ページの英文は
以下のとおり原著出版社の許諾を得て転載しました

Excerpted from THE NEW ENCYCLOPEDIA OF SCIENCE Vol. 3：Chemistry in Action
Copyright © Brown Bear Books Ltd.
English reprint rights arranged with Brown Bear Books Ltd.
through Tuttle-Mori Agency, Inc., Tokyo

はじめに

　大学で化学英語を教えていたときに,「これまでは大学入試のために英単語やセンターの勉強をしてきました.英語が苦手ですが,これからどんな勉強をしていけばいいですか?」という質問を受けました.

　この問いに答えるために書いたのが本書です.英語が苦手というのは単なる思い込み.これからは「化学英語」を通じて英語の実力を高めていきましょう.

　理系の学生には英語が苦手だと思っている人が多いようです.文系に比べて実習や実験などに時間を割く分,英語に費やす時間が少なくなり,苦手意識を持ちがちなのかもしれません.今の英語力は過去の蓄積の結果です.これからの勉強次第でどんどん変わっていくものです.

　世界中を見回しても,高等教育が母国語で受けられる国はそれほど多くありません.その点,日本語の教科書があり,授業も日本語で聴ける皆さんは大変恵まれています.でもかえってそれが仇になり,英語が苦手なまま大学を卒業していく人も多いのです.

　日本で生活している限り,英語ができなくても生活には困りません.でも,理系の皆さんが専門知識に加えて英語というコミュニケーションの手段を手に入れた時,皆さんの未来の可能性が大きく広がることは間違いありません.

　大学卒業後,アカデミックに進む人にとって,最新の情報を入手し,自分の研究を発表する手段は「英語」です.企業に就職する人にとっても,英会話の域を出た,専門知識を表現できる英語力は大きな武器になります.

　化学英語というのは英文学とは違います.それよりもずっと簡単で,ずっと読みやすい.英文学の場合,ここで筆者は何を言いたかったのか,という「解釈」で読者の意見が分かれるかもしれません.でも化学英語の場合,筆者の言いたいことは誰にとっても明確でなければなりません.例えば論文を読む人によって「解釈(内容の理解)」が異なるなんてことは許されないのです.

　最初の一歩は少しハードルが高いかもしれませんが,慣れるにつれ,どんどん読めるようになり,どんどん聞けるようになります.スマホを使って,いつでも

どこでも好きな時に勉強ができる，そんな仕掛けも用意しました．面白い，と思った時，人間の脳はパワーを発揮します．面白がっているうちに，気がついたら英語が苦手ではなくなっていた．そんな人が増えてくれることを夢見ています．

　本書のメインターゲットは，大学で初めて化学英語を学ぶことになった学部生の方々です．今までの英語にまつわるさまざまな思いをいったんリセットし，化学英語は面白い，と化学を切り口に英語力を高めてほしいのです．それから，院試のために化学英語を学ぶ必要に迫られた4年生，あるいは初めての論文を英語で書くにあたり，化学英語の知識や文法を復習したい大学院生の方にとっても，本書はきっとお役に立つでしょう．しかし，現役の大学（院）生に限らず，もしこの本で初めて化学英語という存在を知り，英語を通じて化学の最先端に触れる楽しみに目覚める人が一人でも増えるのであれば，著者としてこれ以上の喜びはありません．

　本書の完成には，たくさんの方々のお力添えがありました．まず，私に化学英語の本を書くように勧めてくださり，本書が世に出るきっかけを作ってくださった山崎昶先生に心より感謝いたします．また，特許翻訳者として私が長年尊敬している岡村汐絵さんの夫君，かつてプロのナレーターでいらしたチャールズ・バークさんが快く協力してくださったおかげで，非常に有益なオリジナル音源が製作できました．そして，朝倉書店の方々の有益なアドバイスがなければ，本書は完成できませんでした．ここに厚くお礼申し上げます．

　2017年5月18日　ストラスブールにて

宮 本 惠 子

「化学英語 30 講」の内容とその使い方

　本書は，お茶の水女子大学と立教大学で化学（科学）英語を 7 年間教えていた経験と化学特許の翻訳を 20 年行ってきた経験を合わせ，化学分野の英文が読める，聞けるようになることを目指して，リーディングとリスニングの演習をメインに書き上げたものです．文法については，化学英語特有のものを中心に解説しました．

　30 講の構成は下記の通り．
　・第 1 〜 5 講　リーディング：英語の化学用語，小学校〜高校レベルの化学．
　・第 6 〜 11 講　リスニング：正しい発音の確認，リピーティング，シャドーイング，メモを取る演習．
　・第 12 〜 20 講　文法：冠詞，前置詞，複合名詞など．
　・第 21 〜 29 講　リーディング：大学レベルの化学，論文，百科事典．
　・第 30 講　最後にもう一度化学英語力を測る：さらに力をつけたい人へのメッセージ．

　第 1 講から第 30 講まで，自然な流れに沿って理解できるように配置しましたが，興味のおもむくまま，好きなタイトルの講から読んでいただいても結構です．各講ごとに独立した「単語リスト」（中学で習う単語以外はほとんど網羅）が設けてあります．

　まず最初に化学英語に対する知識をチェックしましょう．下記の「クイズ A」にチャレンジしてください．さて，何問正解するでしょうか？　そこがあなたの出発点です．

●クイズ A

　<u>Q. 1</u>　次の日本語の意味に相当する英文としては下記の 2 つのどちらが正しいですか？【第 12 講より】

　　▶鉛は 328℃ で融ける．

　　A）　A lead melts at temperature of 328℃.

B） Lead melts at a temperature of 328℃.

Q. 2 次の（　）の中には何が入りますか？　何も入らない場合は×を入れてください．【第 14 講より】

▶Gas chromatographic-mass spectrometric（GC-MS）analyses were carried out on（　　　　）GCMS-QP2010 SE.
ガスクロマトグラフ質量分析は GCMS-QP2010 SE を用いて行った．

Q. 3 He is the researcher. という文の意味は？【第 14 講 Tea Time より】

▶彼は……
A） その道の権威ともいうべき研究者
B） 世界中の人が知っている有名な研究者
C） 今あなたが話題にしたその研究者

Q. 4 次の 2 つの文の意味はどう違いますか？【第 15 講より】
A） Gasoline will float on water.
B） Gasoline floats on water.

Q. 5 次の（　）の中には何が入りますか？　何も入らない場合は×を入れてください．【第 16 講より】

▶Copper reacts with（　　　　）nitric acid and（　　　　）sulfuric acid.

Q. 6 次の 2 つの文の意味はどう違いますか？【第 17 講より】
A） We need a green oxygen producing plant.
B） We need oxygen produced by a green plant.

Q. 7 「a solvent used」と「a used solvent」，実験室で捨てるのはどっち？【第 17 講より】

Q. 8 次の文の（　）に「is」または「are」を入れて文を完成させてください．【第 19 講より】
A） Growth and isolation of avian flu virus（　　　　）described.
鳥インフルエンザウイルスの増殖と単離が記載されている．
B） Research and development（　　　　）referred to as R&D and can be translated as *kenkyu kaihatsu*.
リサーチアンドディベロプメントは R＆D と呼ばれているが，研究開発と翻訳できる．

C) Application or uses（　　　　）noted.
　　利用法または用途が述べられている.

D) Five grams of KOH（　　　　）added to the solution.
　　5 g の水酸化カリウムがその溶液に加えられる.

E) Each test tube and each holder（　　　　）sterilized before use.
　　各試験管と各ホルダーは使用に先立ち殺菌される.

Q. 9　例にならって名詞句を短く（名詞だけの組み合わせに）してください.
　　【第 20 講より】

　　例）A test for evaluating the resistance of a sample to a chemical ⟶
　　A chemical resistance test

　　▶ A system for the purification of water ⟶ ＿＿＿ ＿＿＿ ＿＿＿ ＿＿＿

●解答

A. 1　B

A. 2　a

A. 3　C

A. 4　実はこれら 2 つの文の意味はさほど違わないのですが，あえて言えば，
　　A の文は「ガソリンは水に浮くものだ」と一般的性質を述べているのに
　　対し，B の文は「ガソリンは水に浮く」と事実を客観的に述べていると
　　ころが違います.

A. 5　×，×

A. 6　A の文は「私たちは，酸素を生産する緑の植物が必要だ.」B の文は「私
　　たちは，緑の植物が生産する酸素が必要だ.」

A. 7　a used solvent

A. 8　A) are
　　B) is
　　C) are
　　D) is
　　E) is

A. 9　A water purification system

目　　次

リーディング

第 1 講　まずはボキャブラリー：化学の専門用語を英語で言えますか？ …………………………………… 1

第 2 講　面白理科実験：小学校レベル ………………… 7

第 3 講　化学結合と化学反応：中学校レベル ………… 11

第 4 講　化学反応式：高校レベル …………………… 17

第 5 講　周期表：トリビア …………………………… 22

　　　　Tea Time：ちょっと息抜きに，面白サイトをご紹介　*27*

リスニング

第 6 講　ion はイオンではありません：正しい英語の発音を確認 ………………………………………… 28

　　　　Tea Time：元素記号は世界共通語　*32*

第 7 講　アルカンはアルケン，アルケンはアルキン，アルキンはアルカン?! …………………………… 33

　　　　Tea Time：あなたはダイエット派？　それとも筋トレ派？　*37*

第 8 講　リスニング問題初級編：リピーティングとシャドーイングで力をつける ……………………… 39

第 9 講　リスニング問題中級編：長文はメモを取りながら聞く ………………………………………… 46

　　　　Tea Time：ハロー，アイラブ ケミカルイングリッシュ！　*54*

第 10 講　インターネットを利用したリスニングの練習 …………………………………………………… 57

第 11 講　リスニングの力をつけるために重要な 3 つのこと …………………………………………… 63

vii

文法　第 12 講　英語の文の構造（1）：第一文型と第二文型 … 66
　　　　　　　Tea Time：動詞 remain が付け加えるニュアンス *69*

　　　　第 13 講　英語の文の構造（2）：第三文型，第四文型，第五文型 ……………………………………………… 70
　　　　　　　Tea Time：［重要］自動詞から受け身は作れない *73*

　　　　第 14 講　冠詞の話：a と the の違い …………………… 74
　　　　　　　Tea Time："I am the researcher." と名乗るとき *79*

　　　　第 15 講　推量や不確かさを表す表現：will は必ずしも「〜だろう」ではないこと ………………… 81

　　　　第 16 講　物質名詞や抽象名詞が可算名詞になるとき：「temperature」に「a」はつくの？ ………… 85

　　　　第 17 講　動詞から作る形容詞：used solvent と solvent used はどう違う？ ……………………… 89

　　　　第 18 講　前置詞の話：「三角形上の点 P」を表すときに使うのは「in」？「on」？それとも「at」？ ……… 95

　　　　第 19 講　主語と述語の一致：この主語は単数？　それとも複数？　いい質問です ………………… 98

　　　　第 20 講　複合名詞をもっと活用しよう …………… 103

リーディング　第 21 講　大学の物理化学：量子化学 ………………… 109

　　　　第 22 講　大学の無機化学：錯体化学 ………………… 114

　　　　第 23 講　大学の有機化学：反応有機化学 ………… 118

　　　　第 24 講　大学の生物化学：分子生物学 …………… 121
　　　　　　　Tea Time：精読するための 3 つのステップ　*123*

　　　　第 25 講　大学の分析化学：分光学 ………………… 126

　　　　第 26 講　英語の専門書，そして論文 ……………… 131
　　　　　　　Tea Time：速読と精読を組み合わせて英語力を向上させる　*138*

　　　　第 27 講　科学の百科事典を読む（1）：天然高分子 …· 140

viii 目　　次

第 28 講　科学の百科事典を読む（2）：燃焼と燃料，染料
　　　　と染色 …………………………………………… 146

第 29 講　科学の百科事典を読む（3）：医薬品，司法化学
　　　　………………………………………………… 152

第 30 講　この本を読み終わる時が本当の出発点 …… 158

付録　数，単位，略号について ……………………… 164

　　　例文リスト…………………………………………168

索引 …………………………………………………… 171

第1講 リーディング

まずはボキャブラリー：
化学の専門用語を英語で言えますか？

●化学用語を英語にしてみる

　化学英語を読もうと張り切っても，専門用語を知らないと話は始まりません．まずは基本となる単語から，日本語の知識を英語に置き換えていきましょう．

　日本語の専門用語は英語を和訳したものが多いのですが，すべてがそうとは限らないところがめんどうです．たとえば，ビーカーは英語でも「beaker」（発音もビーカー［bíːkər］）ですが，三角フラスコの方は「Erlenmeyer flask」（発音はアーレンマイヤーフラスク［ə́ːrlənmaiər flǽsk］）とまったく日本語からは連想できない名称なのです．（ちなみに Erlenmeyer とはこのフラスコを考案したドイツ人化学者の名前です．）

　それでは，実際に英語の化学用語を見てみましょう．最初は化合物の名前です．

1)	chromic acid	クロム酸
2)	hydroxide ion	水酸化物イオン
3)	phosphoric acid	リン酸
4)	silicon carbide	炭化ケイ素
5)	sodium nitrate	硝酸ナトリウム
6)	carbon dioxide	二酸化炭素
7)	tricalcium diphosphide	二リン化三カルシウム
8)	trisodium phosphate	リン酸三ナトリウム
9)	butyne	ブチン
10)	cyclohexane	シクロヘキサン
11)	diethyl ether	ジエチルエーテル
12)	ethyl nitrate	硝酸エチル
13)	lipase	リパーゼ
14)	vinyl chloride	塩化ビニル
15)	hexaamminenickel (II) chloride	ヘキサアンミンニッケル (II) 塩化物

16)	thiophene	チオフェン
17)	fluorine	フッ素
18)	allyl bromide	臭化アリル
19)	aryl iodide	ヨウ化アリール
20)	triphenylphosphine sulfide	硫化トリフェニルホスフィン

いかがでしたか？　次は実験器具の名称です.

1)	beaker tongs	ビーカーばさみ
2)	round-bottomed flask	丸底フラスコ
3)	Petri dish	ペトリ皿
4)	graduated cylinder	メスシリンダー
5)	funnel	漏斗
6)	crucible	るつぼ
7)	test tube rack	試験管たて
8)	wash bottle, washing bottle	洗浄瓶（洗瓶）
9)	watch glass	時計皿
10)	mortar	乳鉢
11)	pestle	乳棒
12)	measuring flask	メスフラスコ
13)	whole pipette, whole pipet	ホールピペット
14)	eggplant flask, egg-plant shaped flask	ナス型フラスコ
15)	desiccator	デシケータ
16)	balance	天秤
17)	burette, buret	ビュレット
18)	fume hood	ドラフト
19)	condenser	冷却器
20)	evaporator	エバポレータ

4の「メスシリンダー」の元になったのはドイツ語の「Messzylinder」です. また, 11「pestle」の発音は［pésl］で「t」は読まないことに注意.

　次にあげる「人名のついている反応や試薬など」はまだ知らないものが多いかもしれませんが, これから大学の授業に登場することでしょう.

1)	Diels-Alder reaction	ディールス・アルダー反応
2)	Friedel-Crafts alkylation	フリーデル・クラフツアルキル化（反応）
3)	Grignard reagent	グリニャール試薬

4)	Jahn-Teller distortion	ヤーン・テラー変形
5)	Lewis acid	ルイス酸
6)	Mannich reaction	マンニッヒ反応
7)	Pauli exclusion principle	パウリの排他原理
8)	Shiff base	シッフ塩基
9)	Suzuki-Miyaura coupling	鈴木・宮浦カップリング
10)	Ziegler-Natta catalyst	チーグラー・ナッタ触媒

さて，それではここでクイズをやってみましょう．ここにあげたのは中学，高校レベルの化学用語の英語版です．対応する日本語，いくつわかりますか？

Q. 1 chemical bond	**Q. 8** solution	**Q. 15** isotope
Q. 2 covalent bond	**Q. 9** melting	**Q. 16** isomer
Q. 3 oxidation	**Q. 10** dissolution	**Q. 17** neutron
Q. 4 reduction	**Q. 11** fractional distillation	**Q. 18** catalyst
Q. 5 filtration	**Q. 12** molecule	**Q. 19** heat of formation
Q. 6 extraction	**Q. 13** exothermic reaction	**Q. 20** sublimation
Q. 7 solvent	**Q. 14** endothermic reaction	

解答は次に示すとおりです．みなさんは20問中何問正解できたでしょうか？

A. 1 化学結合	**A. 8** 溶液	**A. 15** 同位体
A. 2 共有結合	**A. 9** 融解	**A. 16** 異性体
A. 3 酸化	**A. 10** 溶解（溶出）	**A. 17** 中性子
A. 4 還元	**A. 11** 分溜	**A. 18** 触媒
A. 5 ろ過	**A. 12** 分子	**A. 19** 生成熱
A. 6 抽出	**A. 13** 発熱反応	**A. 20** 昇華
A. 7 溶媒	**A. 14** 吸熱反応	

2問以上正解された方，素晴らしいです．というのも，上記の単語の中で中学，高校の教科書に出てくる単語は「chemical / bond / heat / melt / solution」くらい．「chemical bond」は「化学結合」とわかるかもしれませんが，残りは全て知らない単語だったはずです．例えば「solution」という単語は知っていても，それに「溶液」という意味があると知っている方は少ないのではないでしょうか？

仮にいま正答率が低かったとしても，気にすることはありません．たとえば「exothermic reaction」という英語は知らなかったとしても，日本語で「発熱反

応」という化学用語の意味がわかる（化学の知識がある）のであれば，あとは日本語の化学用語と英語の化学用語とを結び付けていくだけでいいのです．

●無機化合物の英語名称

　これから化学に関する英文をいろいろと読んでいく中で自然に専門用語は身についていきますが，系統的に勉強すると効率がいいのも確かです．そこで本講では，化合物の名称について少し触れておこうと思います．まずは無機化合物（inorganic compound）の二酸化炭素を例として取り上げることにしましょう．

　「二酸化炭素」（CO_2）は「二」，「酸化」（酸は酸素の酸），「炭素」が組み合わさってできた名称（2個の酸素原子によって酸化された炭素）ですが，英語の「carbon dioxide」も同様に，2という数を表す倍数接頭辞の「di-」【note 1】，「oxide」（oxygen + ide）【note 2】と「carbon」が組み合わさってできています．

　このように化合物の名称には，倍数接頭辞（mono-, di-, tri-, tetra-, penta-, …など）がよく使われます．接頭辞は他にも置換基を表す接頭辞などがあります．

　例えば「ヘキサフルオロケイ酸」（hexafluorosilicic acid）．これはアメリカ合衆国などで虫歯予防のために水道水に加えられているフッ素化合物ですが，「ヘキサ」という6を表す倍数接頭辞と「フルオロ」というフッ素置換基を表す接頭辞が「ケイ酸」という無機化合物の名前にくっついたものです．つまりケイ酸を母体とした化合物であって，その中に6個のフッ素が含まれていることがわかります．

　置換基を表す接頭辞の例とその名称，化合物例を次ページの表にまとめました．

　最後に基本的な無機化合物の名称をいくつかあげましょう．

単語リスト

acetic acid　酢酸／ammonia　アンモニア／barium carbonate　炭酸バリウム／carbon dioxide　二酸化炭素／carbon monoxide　一酸化炭素／carbonic acid　炭酸／copper sulfate　硫酸銅／hydrogen bromide　臭化水素／hydrogen chloride　塩化水素／hydrogen fluoride　フッ化水素／hydrogen iodide　ヨウ化水素／hydrogen peroxide　過酸化水素／hydrogen sulfide　硫化水素／nitrogen dioxide　二酸化窒素／nitrogen monoxide　一酸化窒素／ozone　オゾン／potassium hydroxide　水酸化カリウム／silver nitrate　硝酸銀

表 置換基を表す接頭辞

含まれている 原子 / 基	日本語	英語	化合物例
酸素（O）	オキサ，オキシ， オキソ	oxa, oxy, oxo	オキシ塩化ビスマス bismuth oxychloride
窒素（N）	アザ	aza	トリアザン triazane
フッ素（F）	フルオロ	fluoro	テトラフルオロほう酸ナトリウム sodium tetrafluoroborate
塩素（Cl）	クロロ	chloro	テトラクロロ白金（II）酸アンモニウム ammonium tetrachloroplatinate（II）
臭素（Br）	ブロモ	bromo	ヘキサブロモ白金（IV）酸カリウム potassium hexabromoplatinate（IV）
ヨウ素（I）	ヨード	iodo	テトラヨード水銀（II）酸カリウム potassium tetraiodomercurate（II）
ヒドロキシ基 （—OH）	ヒドロキシ	hydroxy	ヒドロキシ（またはハイドロキシ）アパタイト hydroxyapatite
ニトロ基 （—NO_2）	ニトロ	nitro	ニトロペンタアンミンコバルト（III）塩化物 nitropentaamminecobalt（III）chloride

●有機化合物の英語名称

　有機化合物（organic compound）の名称にもさまざまな接頭辞や接尾辞が用いられています．すでに解説したもの以外に，例えば次ページの表の接頭辞があります．接尾辞で知っておいて便利なのは次に示すようなものです．

1) アルコールを示す語尾「オール」（-ol）

　　例）メタノール（methanol），エタノール（ethanol），イソプロパノール（iso-propanol）

2) アルデヒドを示す語尾「アール」（-al）

　　例）メタナール（methanal）（＝ホルムアルデヒド（formaldehyde）），エタナール（ethanal）（＝アセトアルデヒド（acetoaldehyde））

3) ケトンを示す語尾「オン」（-one）

　　例）プロパノン（propanone）（＝アセトン（acetone）），2-ブタノン（2-butanone）（＝エチルメチルケトン（ethyl methyl ketone））

4) 酵素を示す語尾「アーゼ」（エイス）（-ase）

　　例）アミラーゼ（amylase），リパーゼ（lipase）【note 3】

6   第1講 まずはボキャブラリー：化学の専門用語を英語で言えますか？

表 有機化合物の接頭辞

含まれている基	日本語	英語	化合物例
シアノ基 （— CN）	シアノ	cyano	シアノアクリレート cyanoacrylate
フェニル基 （— Ph＝C₆H₅）	フェニル	phenyl	フェニルアラニン phenylalanine
ベンジル基 （— CH₂ — Ph）	ベンジル	benzyl	ベンジルアルコール benzyl alcohol
エポキシ基 — C — C — \\ O /	エポキシ	epoxy	エポキシエタン epoxyethane エポキシ樹脂 epoxy resin（これは化合物ではなく総称）

基本的な有機化合物の名称を下記に追加します.

単語リスト

aniline アニリン／benzene ベンゼン／carboxylic acid カルボン酸／cholesterol コレステロール／deoxyribonucleic acid デオキシリボ核酸／fatty acid 脂肪酸／fructose 果糖（フルクトース）／glucose ブドウ糖（グルコース）／ketone ケトン／oligosaccharide オリゴ糖／starch デンプン

【note 1】「di」はギリシャ語の「2」です. 化学の世界では, ギリシャ語やラテン語の数字が倍数接頭辞として使われます.（付録の「数, 単位, 略号について」を参照.）

【note 2】「〜化する」という意味の接尾語「-ide」については, 第7講で解説しています.

【note 3】酵素の名前は, その酵素が作用する基質や, その酵素が行う反応の名前に「-ase」を付け加えて作ります. 例えばデンプン（ラテン語の amylum）を分解するのがアミラーゼ（amylase）, 脂肪（ギリシャ語の lipos）を分解するのがリパーゼ（lipase）といった具合です. ところで, ここで重要なのが発音.「アミラーゼ」や「リパーゼ」はドイツ語の発音に由来しており, 英語では「アミレイス［ǽməlèis］」「ライペイス［láipeis］」と発音します.「-ase」が「アーゼ」ではなく「エイス［eis］」となることをお忘れなく.

第 2 講　リーディング

面白理科実験：小学校レベル

●ジオードを作ろう

それではいよいよ英文を読んでいきましょう．

最初にとりあげるのは，小学校低学年を対象にした理科実験．身近な材料を使ってジオードを作ろう，という英文です．実験の手順を示しているので，全て命令形で書かれていること，フォーマルな文章ではないので，少し省略が多いことなどに注意してください．

ワシントン DC の国立自然史博物館で売っていたジオード．自分のお土産に買ってきたものです

ちなみにジオードとは内側に水晶などの結晶が晶出し，鍾乳洞のような空洞が中心に残っている石のことです．

Making Geodes

Geodes are hollow rocks with lots of sparkling crystals inside. You can make your own geode by using simple kitchen materials.

Materials You Need:
- Eggs
- Measuring cup
- Epsom salt (Epsom salt is a common name for magnesium sulfate.)
- Spoon
- Egg carton
- Microwave oven

Procedure:
1) Crack open an egg, remove the yolk and the white, then clean the shell.
2) Make sure the inside of the eggshell is clean and dry.
3) Put $\frac{1}{4}$ cup of water in a measuring cup and microwave it until the water becomes very hot, but not boiling.
4) Add $\frac{1}{4}$ cup of Epsom salt and stir until the salt is completely dissolved. When all of the salt dissolves, add more salt and stir until no more salt dissolves. Now your solution is super-saturated.
5) Place the dry eggshell in an egg carton and carefully pour the hot solution into the eggshell.
6) Set the shell aside in a safe place overnight to allow the crystals to grow undisturbed. As the water cools and evaporates from the solution, the salt will settle and crystals will form. The longer the solution is in the eggshell, the larger the crystals in the geode will be.
7) Being careful not to dump out the crystals, pour excess solution out of the eggshell.

ちなみに Epsom salt は日本でもエプソム塩（エプソムソルト）として発売され，入浴剤などに使われているようです．

さて，あなたももうジオードが作れますか？（あやふやなところがあれば，次の単語リストを参考に，もう一度ジオードの作り方を読みましょう．）

単語リスト

procedure　手順／ hollow　中空の／ sparkling　キラキラ光る／ crystal　結晶／ measuring cup　計量カップ／ egg carton　卵のケース／ crack open　割る／ yolk　卵の黄身／ white　白身／ shell　殻／ microwave　電子レンジ（に入れてチンする）／ boiling　沸騰するほど熱い／ stir　撹拌する／ completely　完全に／ dissolve　溶ける／ solution　溶液／ super-saturated　過飽和状態である／ pour A into B　A を B に注ぎ入れる／ place A in B　A を B の中に入れる／ set A aside in B　A を B に置いておく／ overnight　一晩中／ allow A to B　A が B するようにする／ undisturbed　邪魔されずに／ evaporate　蒸発する／ settle　沈澱する／ dump　落っことす／ excess　余分な

それでは，実際にジオードを作る前に，手順を確認しましょう．

次のイラストを見ながら，ジオードの作り方を簡単に説明してください．（英語

でも日本語でも構いません.)

いかがでしたか? 上手に説明ができましたか? 参考までに日本語版と英語版の説明の一例をここにあげますが,基本的な内容が同じであれば,表現は違っていてもまったく問題はありません.

ジオード作りに必要な,エプソム塩,卵,電子レンジ,計量カップ,スプーン,卵ケースを用意する.卵を割り,殻を洗って乾かす.計量カップ $\frac{1}{4}$ の水を電子レンジで温め,その中に同量のエプソム塩を加え,スプーンでよく撹拌して塩を溶かす.さらに塩を加えても,もう溶けなくなったら,過飽和溶液の出来上がり.卵ケースに立てた卵の殻の中にこの熱い溶液を流し込み,安全なところで一晩寝かせる.溶液が冷めて水分が蒸発するにつれて結晶が析出するが,時間をかけるほど,大きな結晶が成長する.結晶をこぼさないように注意しながら,余った溶液を捨てる.

You need Epsom salt, an egg, a microwave oven, a measuring cup, a spoon, and an egg carton for creating your own geode. Crack the egg and clean and dry the shell. Microwave $\frac{1}{4}$ cup of water in the measuring cup, add the same amount of Epsom salt to the hot water and stir the mixture until the salt is completely dissolved. Add more salt and stir until no more salt dissolves, and the solution becomes super-saturated. Pour the hot solution into the eggshell placed in the egg carton and let it stand in a safe place overnight. Crystals will grow as the water cools and evaporates. The longer the solution is in the eggshell, the larger the crystals will be. Paying attention not to throw out the crystals, discard the excess solution.

●訳さずイメージを受け取る

　このような英文を読む際に大切なことは，ジオードを作るための情報（何が必要か，どんな手順で何をするのか）を正確に受け取ること．ですから，英文を日本語に翻訳する必要はないのです．確認クイズの答えは英語でも日本語でもオーケーといったのはそのためです．

　これまで英語を理解するときに必ず日本語に訳していた方は，これからは「日本語を経由せずに英語から直接情報を受け取ること」を試みてください【note 1】．例えば，ジオードを作る手順を情景として頭の中に思い浮かべる，というのもいいと思います．

　いちいち日本語にせずに理解することに慣れるにつれ，英語を読んだり，聞いたりした時の反射（reflexion）のスピードがだんだん上がっていきます．理想は読んだ端から内容が取れるようになること．いきなりそこに到達するのは難しいかもしれませんが，少しずつ目指していきましょう．

　上記の面白理科実験は「Education.com」のサイトを参考にしながら作成しました．このサイトでは幼稚園児対象のものから高校生対象のものまで，さまざまな面白理科実験が紹介されています．▶ http://www.education.com/activity/science/

【note 1】英語を日本語に訳してみることは，例えば，その英文を正確に理解しているかどうかを確かめる上で役に立つやり方です．でも，日本語を経由せずに，英語の持っている情報をそのままイメージとして受け取ることができるようになると，リスニングや速読の力が大きく伸びていくことでしょう．

第 3 講　リーディング

化学結合と化学反応：中学校レベル

●化学結合——情景をイメージする

　日本の中学2年生が共有結合，イオン結合，金属結合の3つを習うように，アメリカでも 7th Grade（日本の中学2年生に相当）の化学の時間に化学結合を習うようです．本講ではアメリカの中学生になった気分で，化学結合についての説明を読んでみましょう．

Chemical bonds occur when electrons are gained, lost or shared. All bonding takes place in the valence shell — the outermost layer of the atom. There are three types of chemical bonds, i.e. ionic bonds, covalent bonds and metallic bonds.

In ionic bonding, atoms lose or gain electrons to form charged particles (called ion) which are then strongly attached to one another (because of the attraction of opposite charges, + and −).

Covalent bonding takes place when two atoms share electrons so that they've got full outer shells. Hydrogen atoms have just one electron. They only need one more to complete the first shell. In a hydrogen molecule (H_2), both hydrogen atoms share two electrons (an electron pair).

Metallic bonding occurs between atoms in a metal. A sea of free electrons is created among all of the nuclei involved. These delocalized (free) electrons come from the outer shell of every metal atom in the structure. These electrons are free to move through the whole structure and so metals are good conductors of heat and electricity.

　いかがでしたか？　原子の間で電子がやりとりされる時，化学結合が生じるというわけですね．

第3講 化学結合と化学反応：中学校レベル

単語リスト

occur 生じる／electron 電子／gain 得る／bonding 結合／take place 起こる／valence shell 原子価殻／outermost 最外の／layer 殻（電子殻）／ionic bond(ing) イオン結合／covalent bond(ing) 共有結合／metallic bond(ing) 金属結合／charged 電荷を有する／particle 粒子／ion イオン／attraction 引きつける力／full outer shell 最外殻が一杯になっている状態（閉殻）／first shell 最初の殻（K殻）／molecule 分子／electron pair 電子対／nucleus（複数形はnuclei） 原子核／involve 関わる／delocalized 非局在化した／free electron 自由電子／in the structure この構造内の（＝金属内の）／whole structure 構造全体

同じ内容を表していても，日本語の表現と英語の表現が微妙に違うことがあります．例えば金属結合の説明に出てくる「sea of free electrons」という表現は英語ではよく見られる表現ですが，日本語の説明では「自由電子の海」という表現はあまり見かけません．このような場合は「sea」

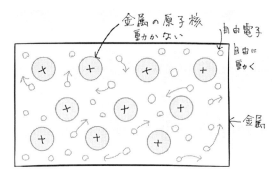

「sea of free electrons」

→「海」というように言葉のレベルで翻訳するのでなく，情景をイメージしてみることが重要です．

　上の図のように原子核がたくさん並んでいるまわりを電子が自由に動き回っている様子がまるで電子の海のように見えるというわけですね．

　それでは，内容の理解度を確認しましょう．次の（　）内を適切な言葉で埋めてください．

Q.1 There are three types of chemical bonds, i.e. (　　　) bonds, (　　　) bonds and (　　　) bonds.

Q.2 In ionic bonding, atoms (　　　) or (　　　) electrons to form (　　　) which are then strongly attached to one another.

13

Q. 3 Covalent bonding takes place when two atoms (   ) electrons so that they've got full outer shells. In a hydrogen molecule (H_2), both hydrogen atoms share two electrons (called (   ) (   )).

Q. 4 Metallic bonding occurs between atoms in a metal. A (   ) of free electrons is created among all of the nuclei involved. These (   ) electrons are free to move through the whole structure and so metals are good (   ) of heat and electricity.

A. 1 「ionic / covalent / metallic」（順不同）.
　▶日本語ではイオン結合，共有結合，金属結合ですが，英語では ionic / covalent / metallic とそれぞれ形容詞になることに注意しましょう.

A. 2 はじめの2つのカッコ内には「lose / gain」（順不同）.
　次のカッコ内には「ions」または「charged particles」が入ります.
　「charged particles called ion」としても結構です.

A. 3 「share / electron pair」.

A. 4 はじめのカッコには「sea」が，次のカッコには「delocalized」または「free」が入り，最後のカッコには「conductors」が入ります.

では，ここで先ほどの英文の内容を日本語で見ていきましょう.

───────────────────────────────────

　原子の間で電子がやり取りされる（電子を受け取る，与える，共有する）とき，化学結合が生じる. 結合は全て，その原子の最外殻である原子価殻で生じる. 化学結合にはイオン結合，共有結合，金属結合の3種類がある.

　イオン結合において原子は電子を受け取り，あるいは与えて，電荷を有する粒子（イオン）を形成するが，これらは＋と－という反対の電荷間に働く引力のため，互いに強く結合する.

　それぞれの原子が閉殻になるように，2個の原子が電子を共有するとき，共有結合が生じる. 水素原子は電子を1個持つので，閉殻になるためにはあと1個の電子があればよい. 水素分子中では2個の水素原子は2個の電子（電子対）を共有している.

　金属結合は金属中の原子間に生じるもので，ここでは関与する全ての原子核の

間に自由電子が広がっている．これらの非局在化した（自由）電子は，各金属原子の外殻電子で，この構造全体を自由に動き回っている．そのため金属は熱や電気の良導体となる．

●化学反応——キーワードをとらえる

それでは，引き続き「化学反応」についての文章を読んでみましょう．

Chemical Reactions

What is a chemical reaction ?

Chemical reactions occur when two or more molecules interact and the molecules (which are called reactants) go through chemical changes so that one or more new molecules (which are called products) are produced. Different from a chemical change, a physical change such as a state change (ice melts to water, water evaporates to steam) or dissolving (sugar dissolves in coffee) does not create a new substance. In chemical reactions, bonds between atoms in the reactants are broken and the atoms form new bonds to create the products, but no new atoms are created, and no atoms are destroyed.

One example of a chemical reaction is the rusting of an iron nail. That rusting happens because the iron (Fe) in the metal combines with oxygen (O_2) in the atmosphere. Chemical bonds are created and destroyed to finally make iron oxide (Fe_2O_3).

いかがでしたか？

単語リスト

reaction 反応／interact 相互作用する，作用しあう／reactant 反応物質／go through ～ ～を経る（経験する）／product 生成物／physical 物理的な／state change 状態変化／evaporate 蒸発する／steam 蒸気（湯気）／dissolve 溶解する（溶ける）／substance 物質／rusting 錆びること／combine with ～ ～と結合する／atmosphere 大気／iron oxide 酸化鉄

単語を確認したら，内容の理解度をチェックしましょう．先の文章は「化学反応」についてのものでしたが，一言でまとめると，どんな内容でしたか？

文章を読んでいる時には理解していた気になっていても，読み終わって内容を思い出そうとするとうまくいかないことがよくあります．そうならないためには，文章を読みながらキーワード（キーフレーズ）に鉛筆で下線を引くのがオススメです．

ところで，キーワードってなんでしょう？　それは，その文の中で重要な意味を持っている言葉，その文のエッセンスとなる情報です．リスニングをしている時なら，読み手がゆっくりと，強調して発音する言葉に相当します．

文章としてあまり長くないこの英文の場合，キーワードに下線を引くことで十分内容をまとめることができます．それらのキーワードをもとに，例えば，下記のようなサマリーが出来上がるでしょう．

　　反応物質の化学変化により新しい分子（生成物）が生じるとき，化学反応が起こったという．化学反応では，反応物質内の化学結合が切れ，原子間に新しい結合が生じて，生成物が生まれるが，新しく原子が生じることも，すでにある原子が消滅することもない．

●長文にはパラグラフ・リーディング

先ほどのような短い文章の場合は，キーワードに下線を引くやり方が有効ですが，長文を読む場合には，「パラグラフ・リーディング」の考えが役に立ちます．

「パラグラフ・リーディング」は，パラグラフごとに意味を取りながら読み進める方法です．英語の文章はパラグラフから構成されており，1パラグラフには1つの主張がなされているので，パラグラフごとに重要な文を見つけて下線を引いていき，最後にそれらの文をつなげれば，その文章のサマリーが出来上がるというわけです．

パラグラフは「トピックセンテンス」「導入文」「結論文」「例を挙げている文」などさまざまな役割の文から構成されていますが，一番重要なのは「トピックセンテンス」で，これは，しばしばパラグラフの冒頭に置かれています．「例を挙げている文」や「導入文」は読み手の理解を助けるためのものなので，要約に含める必要はありません．（パラグラフ・リーディングについては第 27 講でも触れています．）

●英語の文章に親しむ

　さて，本講では中学レベルの化学を説明した文章を英語で読んでいただきました．化学として基礎的な内容の文章だからこそ，一層その英語表現は，日本語で親しんできた表現とはかけ離れていて，難しいと思います．（例えば，「sea of free electrons」のように.）しかし，このような文章を数多く読むことは，自然で明快な英語表現を身につける上でとても役に立つのです．

　インターネットにはいろいろと面白いサイトがあります．例えば，「Quizlet」のサイトでは化学結合について英語で学べ，ゲーム感覚のテストまで用意されています．聞こえてきた英語を入力する音声チャレンジはリスニングの練習としてうってつけ．また，マッチやグラビティなどのゲームは，時間との戦いです．なかなか手強いですよ．▶（chemical bonding の学習ページ）https://quizlet.com/1024850/7th-grade-science-ch6-chemical-bonding-flash-cards/

　「Chem4Kids」（chemistry for kids, 子供たちのための化学）というサイトは，子供たちだけでなく，化学に興味のある人たち全てが対象です．カラフルなイラストを多用し，ユーモアにあふれたわかりやすい解説はオススメです．▶ http://www.chem4kids.com/

第 **4** 講　リーディング

化学反応式：高校レベル

●化学反応式を英語で説明

　高校時代，化学反応式はお好きでしたか？

　お得意だった方も悩まされた方も，この講ではしばし「イギリスの高校生になった気分」で，英語の化学反応式にチャレンジしてください.

　一応簡単に復習し，英語の語彙も見ておきましょう.

・化学反応式（chemical equation）は化学反応（chemical reaction）を反応物（reactant）と生成物（product）の化学式（chemical formula）を用いて表したもの.

・反応物の化学式を左辺（left side），生成物の化学式を右辺（right side）に書き，両辺を矢印「⟶」（arrow）で結ぶ.

・化学反応の前後で原子の種類と数は変わらないから，左辺と右辺における原子の種類と数は等しい.

・左辺と右辺の原子数を等しくするために，分子の数を表す係数を化学式の前につけて調整（balance）する. その際係数は最も簡単な整数の比とし，係数1は書かない.

・化学反応式の1つ「イオン反応式」（ionic equation）は，反応に関係したイオンに注目した反応式で，両辺の原子の種類や数だけでなく，電荷（charge）の総和も等しくなる.

　それでは，英文を読んでみましょう.

Balanced Equations Have Equal Numbers of Each Atom on Both Sides

1)　Balanced equations have the same number of each atom on both sides.

18   第 4 講　化学反応式：高校レベル

2) You can only add more atoms by adding whole reactants or products.
    You do this by putting a number in front of a substance or changing one
    that's already there.

・Example : Balance the equation $C_3H_8 + O_2 \longrightarrow CO_2 + H_2O$
First work out how many of each atom you have on each side.
$$C_3H_8 + O_2 \longrightarrow CO_2 + H_2O$$
$$C = 3 \qquad\qquad C = 1$$
$$H = 8 \qquad\qquad H = 2$$
$$O = 2 \qquad\qquad O = 3$$
The right side needs 3 C's, so try $3CO_2$. It also needs 8 H's, so try $4H_2O$.
$$C_3H_8 + O_2 \longrightarrow 3CO_2 + 4H_2O$$
$$C = 3 \qquad\qquad C = 3$$
$$H = 8 \qquad\qquad H = 8$$
$$O = 2 \qquad\qquad O = 10$$
No, still not balanced. The left side needs 10 O's, so try $5O_2$. This balances the
equation.
$$C_3H_8 + 5O_2 \longrightarrow 3CO_2 + 4H_2O$$

Ionic Equations Only Show the Reacting Particles

1) You can also write an ionic equation for any reaction involving ions that
    happens in solution.
2) In an ionic equation, only the reacting particles (and the products they
    form) are included.

・Example: Here is the full balanced equation for the reaction of hydrochloric
 acid with sodium hydroxide:
$$HCl_{(aq)} + NaOH_{(aq)} \longrightarrow NaCl_{(aq)} + H_2O_{(l)}$$
(These little symbols tell you what state each substance is in. s = solid, l =
liquid, g = gas, aq = aqueous (solution in water).) The ionic substances in this
equation will dissolve, breaking into ions in solution. You can rewrite the
equation to show all the ions that are in the reaction mixture:
$$H^+_{(aq)} + Cl^-_{(aq)} + Na^+_{(aq)} + OH^-_{(aq)} \longrightarrow Na^+_{(aq)} + Cl^-_{(aq)} + H_2O_{(l)}$$
Leave anything that isn't an ion in solution (like the H_2O) as it is.
  To get from this to the ionic equation, just cross out any ions that appear on

both sides of the equation — in this case, that's the sodium ions (Na^+) and the chloride ions (Cl^-). (An ion that's present in the reaction mixture, but doesn't get involved in the reaction is called a spectator ion.)

So the ionic equation for this reaction is:

$$H^+_{(aq)} + OH^-_{(aq)} \longrightarrow H_2O_{(l)}$$

3) When you've written an ionic equation, check that the charges are balanced, as well as the atoms — if the charges don't balance, the equation isn't right.

In the example above, the net charge on the left hand side is $(+1)+(-1)$ $= 0$ and the net charge on the right hand side is 0 — so the charges balance.

いかがでしたか？

単語リスト

substance　物質／ one　前の名詞（ここでは number）を指す／ work out　計算する／ C's　アルファベットの C（ここでは炭素）の複数形／ particle　粒子／ involve　関与する／ solution　溶液／ include　含める／ hydrochloric acid　塩酸／ sodium hydroxide　水酸化ナトリウム／ state　状態／ solid　固体／ aqueous　水の（ここでは水溶液中に存在する，ということ）／ dissolve　溶解する／ breaks into ～　～に分かれる（分かれて～になる）／ rewrite　書き直す／ reaction mixture　反応混合物／ leave ～ as it is　～をそのまま残す／ like ～　～のような（＝ such as）／ get to ～　～へ行く（到達する）／ cross out　消す／ in this case　この場合／ sodium ion　ナトリウムイオン／ chloride ion　塩化物イオン／ spectator ion　傍観イオン（反応溶液中に存在するが，反応には関与していないイオン）

　化学反応式の作り方は日本語でも英語でもほとんど変わりませんね！　参考までに上記の英文の和訳をつけます．

釣り合っている化学反応式において，両辺の各原子の数は等しい

1) 釣り合っている化学反応式の両辺における各原子の数は同じ．
2) 原子の数を増やしたい時は反応物を丸ごと，あるいは生成物を丸ごと式に加えなければならない．物質（反応物／生成物）の前に数字を置く，またはすでにある数字を変更することでこれを実行する．

・例題：次の化学反応式を釣り合わせなさい．

$$C_3H_8 + O_2 \longrightarrow CO_2 + H_2O$$

最初に，両辺の各原子の数を計算する．

$$C_3H_8 + O_2 \longrightarrow CO_2 + H_2O$$

C = 3	C = 1
H = 8	H = 2
O = 2	O = 3

右辺には C が 3 個必要なので，$3CO_2$ としてみよう．H も 8 個必要だから $4H_2O$ としてみる．

$$C_3H_8 + O_2 \longrightarrow 3CO_2 + 4H_2O$$

C = 3	C = 3
H = 8	H = 8
O = 2	O = 10

まだ釣り合いが取れていない．左辺には O が 10 個必要なので $5O_2$ としてみよう．これで釣り合いが取れる．

$$C_3H_8 + 5O_2 \longrightarrow 3CO_2 + 4H_2O$$

イオン反応式では反応する粒子のみを示す

1) イオンが関与する，溶液中で生じるあらゆる反応に対してはイオン反応式も書くことができる．
2) イオン反応式には，反応する粒子（およびそれらが作り出す生成物）のみが含まれる．

・例題：塩酸と水酸化ナトリウム間の反応を完全な化学式で表すとこのようになる．

$$HCl_{(aq)} + NaOH_{(aq)} \longrightarrow NaCl_{(aq)} + H_2O_{(l)}$$

（この小さな記号は各物質がどのような状態にあるかを示す．s = 固体，l = 液体，g = 気体，aq = 水溶液．）この反応式におけるイオン性の物質は溶解し，溶液中でイオンに解離する．この反応式は書き換えると，反応混合物中に存在するすべてのイオンを示すことができる．

$$H^+_{(aq)} + Cl^-_{(aq)} + Na^+_{(aq)} + OH^-_{(aq)} \longrightarrow Na^+_{(aq)} + Cl^-_{(aq)} + H_2O_{(l)}$$

（この H_2O のように）溶液中でイオンでないものはすべてそのまま残す.

　これからイオン反応式を導くには，式の左辺と右辺の両方に現れるイオン（この場合はナトリウムイオン（Na^+）と塩化物イオン（Cl^-））を消せばよい.（反応混合物中に存在するが，反応に関与しないイオンは傍観イオンと呼ばれる.）

　したがって本反応のイオン反応式は次の通り.

$$H^+_{(aq)} + OH^-_{(aq)} \longrightarrow H_2O_{(l)}$$

3）　イオン反応式を書いた時は，原子の数だけでなく，電荷も釣り合っているかどうかを確認しよう.電荷が釣り合っていなければ，その式は正しくない.

　上記の例において左辺の正味の電荷は（$+1$）$+$（-1）$= 0$ で右辺の正味の電荷は 0 であるから電荷は釣り合っている.

●化学反応式の読み方

　それでは最後に化学反応式の読み方を見ていきましょう.

$$C_3H_8 + 5O_2 \longrightarrow 3CO_2 + 4H_2O$$

は日本語でどのように読みますか？

　「1モルのプロパンと5モルの酸素が反応し，3モルの二酸化炭素と4モルの水が生じる」ですね.

　英語も同様に，「1 mol of propane reacts with 5 mol of oxygen to yield 3 mol of carbon dioxide and 4 mol of water」と読みます. yield（生じる）の代わりに，produce（製造する）や form（生成する）を使うこともできます.

第 5 講　リーディング

周期表：トリビア

●メンデレーエフの夢

　見回せば，この世の中のすべてのものはさまざまな種類の原子が結合してできています．私たちの体もその99％は，ほんの4種類の元素の組み合わせ【note 1】．ところで，元素を原子量の順に並べると化学的特性が周期的に現れることに気づき，初めて周期表を作ったのはロシアの化学者ドミトリ・メンデレーエフ（Dmitri Mendeleev）．1869年のことでした．これについては面白いエピソードが伝わっています．

"I saw in a dream a table where all elements fell into place as required. Awakening, I immediately wrote it down on a piece of paper, only in one place did a correction later seem necessary."

—— Mendeleev, as quoted by Inostrantzev

「夢の中で，すべての元素が正しい場所にピッタリと収まっている1枚の表を見た．目が覚めると，私はすぐさま紙切れに書きとめた．ただ1か所だけ後に修正が必要だと思われた」

——メンデレーエフの言葉，イノストランツェフ【note 2】による引用

> **単語リスト**
>
> element　元素／fall into place　正しい場所に収まる／awake　目が覚める／immediately　直ちに／correction　修正／quote　引用する／Inostrantzev　イノストランツェフ

　夢がヒントになって周期表が生まれたなんて，ケクレのベンゼン環のエピソードを彷彿とさせますね．ところで当時発見されていた元素は63種類でした．当然

1 H																	2 He
3 Li	4 Be											5 B	6 C	7 N	8 O	9 F	10 Ne
11 Na	12 Mg											13 Al	14 Si	15 P	16 S	17 Cl	18 Ar
19 K	20 Ca	21 Sc	22 Ti	23 V	24 Cr	25 Mn	26 Fe	27 Co	28 Ni	29 Cu	30 Zn	31 Ga	32 Ge	33 As	34 Se	35 Br	36 Kr
37 Rb	38 Sr	39 Y	40 Zr	41 Nb	42 Mo	43 Tc	44 Ru	45 Rh	46 Pd	47 Ag	48 Cd	49 In	50 Sn	51 Sb	52 Te	53 I	54 Xe
55 Cs	56 Ba	57~71 La-Lu	72 Hf	73 Ta	74 W	75 Re	76 Os	77 Ir	78 Pt	79 Au	80 Hg	81 Tl	82 Pb	83 Bi	84 Po	85 At	86 Rn
87 Fr	88 Ra	89~103 Ac-Lr	104 Rf	105 Db	106 Sg	107 Bh	108 Hs	109 Mt	110 Ds	111 Rg	112 Cn						

57 La	58 Ce	59 Pr	60 Nd	61 Pm	62 Sm	63 Eu	64 Gd	65 Tb	66 Dy	67 Ho	68 Er	69 Tm	70 Yb	71 Lu
89 Ac	90 Th	91 Pa	92 U	93 Np	94 Pu	95 Am	96 Cm	97 Bk	98 Cf	99 Es	100 Fm	101 Md	102 No	103 Lr

元素周期表

いまの周期表と異なり，当時の周期表には空欄がありましたが，メンデレーエフ
は eka-, dvi-, tri- という接頭辞を使い，未発見の元素を予測しました．

　eka-, dvi-, tri- とは，サンスクリット語の数字の 1，2，3 にあたります．周期
表のアルミニウムの 1 つ下の位置の元素は eka-aluminium. ケイ素の 1 つ下は
eka-silicon, マンガンの 2 つ下は dvi-manganese と名付けたのでした．予想通り
の元素（ガリウム，ゲルマニウム，レニウム）が次々に発見されると，当初は評
価されていなかったメンデレーエフの周期表が俄然脚光を浴びることになりまし
た．後に発見された 101 番の元素は彼の名前にちなみ，メンデレビウムと名付け
られています．

　さて，メンデレーエフはどの程度までガリウムの性質を予測したのでしょう
か？　次の英文をお読みください．（Wikipedia からの文章を一部改変しました．）

In 1871, the existence of gallium was first predicted by Russian chemist Dmitri
Mendeleev, who named it "eka-aluminium" from its position in his periodic
table. He also predicted several properties of eka-aluminium that correspond
closely to the real properties of gallium, such as its density, melting point, and
oxide character.

　Mendeleev further predicted that eka-aluminium would be discovered by
means of the spectroscope, and that metallic eka-aluminium would dissolve

slowly in both acids and alkalis and would not react with air. All of these predictions turned out to be true.

単語リスト

existence　存在／predict　予言する／position　位置／property　性質／correspond　一致する／density　密度／melting point　融点／oxide　酸化物／character　特性／by means of 〜　〜の手段によって／spectroscope　分光計／metallic　金属である／dissolve　溶解する／alkali　アルカリ／turn out 〜　〜であることが（最後に）わかる

　1871 年，ロシア人化学者ドミトリ・メンデレーエフによって初めてガリウムの存在が予言された．メンデレーエフの周期表の中で占める位置に基づき，これは「エカアルミニウム」と名付けられた．メンデレーエフはエカアルミニウムの密度，融点，酸化物の性質などの諸物性も予言したが，これらはガリウムの現実の物性によく一致している．

　さらにメンデレーエフはエカアルミニウムが分光計という手段によって発見されるであろうこと，また金属のエカアルミニウムは酸とアルカリの両方にゆっくりと溶解するであろうこと，そして空気とは反応しないであろうことをも予言したのだった．これらの予言の全ては後に真実であることがわかった．

　次は『科学の百科事典』からの抜粋です．

The vertical columns of the Periodic Table consist of groups, while the horizontal rows are known as periods. Elements occupying the same group have similar chemical properties. There is also a gradation of properties across periods, from the highly metallic elements on the left of the Table (alkali metals) to the non-metals on the right. Again, neighboring elements share some properties.

単語リスト

vertical　垂直な，縦の／column　列／periodic　周期的な／consist of 〜　〜からなる／group　族／horizontal　水平な／row　段／period　周期／occupy　占める／gradation　程度が少しずつ変わっていくこと／neighboring　隣接した

周期表の縦の列（column）は「族（group）」，横の段（row）は「周期（period）」です．同じ族に含まれる元素は，類似した化学的性質を示します．同じ周期を横に見ていくと，金属性の高い左端の元素（アルカリ金属）から，非金属性を強く持つ，右端の元素へと緩やかに性質が変化していくことがわかります．同じ周期で隣接している元素間にも，ある程度類似した性質が認められます．

● アルミニウムの2つの名前

さて，次のトリビアはアルミニウム．なぜこの元素は「aluminum」（アルーミナム）[əlúːmɪnəm] と「aluminium」（アリュミニウム）[æljumíniəm] という2つの名前を持つのでしょうか？

以下は私のブログからの引用です．▶「アルミニウム Aluminium」
https://chemelmnts.blogspot.fr/2010/07/alminum.html

Aluminum was the original name given to the element by Humphry Davy. But this metal is now called aluminium in English-speaking countries outside North America and the name aluminum is used only in North America.

The International Union of Pure and Applied Chemistry (IUPAC) adopted aluminium as the standard international name for the element in 1990 but, three years later, recognized aluminum as an acceptable variant.

単語リスト

Humphry Davy　ハンフリー・デービー／ aluminium　アルミニウム（英国式）／ aluminum　アルミニウム（米国式）／ International Union of Pure and Applied Chemistry（IUPAC）　国際純正・応用化学連合／ standard　標準の／ adopt　採用する／ acceptable　許容できる／ variant　発音や綴りなどの異形

aluminum（アルーミナム）はハンフリー・デービーが当初つけた名前でした．しかしこの金属は現在北アメリカ以外の英語圏では aluminium（アリュミニウム）と呼ばれており，aluminum（アルーミナム）という名称は北アメリカでのみ使われています．

国際純正・応用化学連合（IUPAC）は1990年に aluminium（アリュミニウム）

をこの元素の標準的な国際名として採用しましたが，3年後に aluminum（アルーミナム）の使用も認めました．

● 周期表の覚え方

ところで，日本語では周期表の元素を覚えるのに「水兵リーベ僕の船」（H, He, Li, Be, B, C, N, O, F, Ne）などの語呂合わせが使われていますが，調べてみると，英語でもこんな語呂合わせがありました．

　　Here He Lies Beneath Bed Clothes, Nothing On, Feeling Nervous.
　　（彼はここ，布団の下で，何もまとわず，緊張しながら横になる．）

でも英語圏では語呂合わせよりも，歌で覚える方が人気のようです．そこで，この講の最後に英語の周期表の歌をご紹介したいと思います．

YouTube にはとても楽しいさまざまなバージョンがアップされています．

私のお気に入りは3のラップなのですが，このラッパーの彼はアメリカ人でしょうか？ それともイギリス人？（ヒント：彼は，アルミニウムをどう発音していますか？）

1) 天国と地獄のメロディーに乗せて
「The NEW Periodic Table Song (Updated)」▶ https://www.youtube.com/watch?v=VgVQKCcfwnU

2) ポップスが好きな方に
「These Are The Elements (Periodic Table Song, in order)」
▶ https://www.youtube.com/watch?v=xQu2eSeM66o

3) ラップが好きな方に
「The Periodic Table (Rapping the elements!)」▶ https://www.youtube.com/watch?v=lDp9hUf_SV8

4) そのほかにもいろいろ
「Chemistry Rap - The Periodic Table of Elements」▶ https://www.youtube.com/watch?v=Apr7MdbHGQo

27

「Element Rap」　▶ https://www.youtube.com/watch?v=cAnOUwPfHlk

【note 1】微量元素も含めると人体を構成している元素は全部で 29 種類．元素周期表は文部科学省の次のサイトからダウンロードできます．　▶ http://stw.mext.go.jp/series.html

【note 2】イノストランツェフはドミトリ・メンデレーエフの同僚．

= Tea Time =

　ちょっと息抜きに，面白サイトをご紹介

ところで「Periodic Table Writer」を使うと，好きな文章を元素記号の組み合わせで書くことができます．　▶ http://www.myfunstudio.com/designs/pt/

右の「Enter your text（？）」欄にテキストを入力，下の「Colour Scheme」から色やフォントを選び，「Download as」からファイルをダウンロードします．（原子番号，元素名，原子量なども一緒に出力できます．）

例えば，「I Love Chemical English.」と入力すると，結果は下記の通り．

　　I Lv O V Eu　C He Mn I Ca Lv　Eu N Gd Li S H.

左からヨウ素 (I)，リバモリウム (Lv)，酸素 (O)，バナジウム (V)，ユーロピウム (Eu)，炭素 (C)，ヘリウム (He)，マンガン (Mn)，ヨウ素 (I)，カルシウム (Ca)，リバモリウム (Lv)，ユーロピウム (Eu)，窒素 (N)，ガドリニウム (Gd)，リチウム (Li)，硫黄 (S)，水素 (H) と並んでいます．

chemical ではマンガンの n とリバモリウムの v を読み飛ばさなくてはならないけれど，ヘリウムやカルシウムが効果的に使われていて面白いですね．ご自分のお名前を元素記号で綴ってみるのも楽しいかもしれません．

第 6 講　リスニング

ion はイオンではありません：正しい英語の発音を確認

●正確な発音を知る

　リスニング力を鍛える上でまず重要なことは「正確な発音」をしっかり押さえることです．学校では「陽イオン，陰イオン」などと習うので「ion」の発音をつい「イオン」だと思いがちですが，そう発音するのはフランス語やドイツ語の場合で，英語の発音は「アイオン」[áiən].

　酸素（oxygen）をオキシゲン，水素（hydrogen）をハイドロゲンと発音するのも間違いで，正確な発音はそれぞれアクスィジェン [ácksidʒən] とハイドルジェン [háidrədʒən] です．これも学校でハロゲン（halogen）と習っているのが原因かもしれませんね．もちろん「halogen」も英語の正しい発音は「ハルジェン」[hǽlədʒən] です．

　「He」の日本語名が「ヘリウム」なので，つい「ヘリウム」と発音してしまいがちですが，実際の英語はむしろ「ヒーリウム」[híːliəm] に近いですし，「リチウム」も「リシウム」[líθiəm] と「th」は舌先を歯の裏につけて発音するのが正しいのです．

　インターネットを利用し，正しい発音を確認しましょう．2017 年 5 月現在，「Merriam-Webster」のサイトでは英単語を入力すると無料でその定義（definition）を読み，発音を音声で聞くことができます．▶ https://www.merriam-webster.com

　それでは原子番号 1 番の水素から 86 番のラドンまで，元素の英語名と発音を見ていきましょう．

1)	H	水素	**H**ydrogen	ハイドルジェン	háidrədʒən
2)	He	ヘリウム	**H**elium	ヒーリウム	híːliəm
3)	Li	リチウム	**L**ithium	リシウム	líθiəm

4)	Be	ベリリウム	Beryllium	ブリリウム	bəríliəm
5)	B	ホウ素	Boron	ボーラン	bɔ́ːrɑn
6)	C	炭素	Carbon	カーブン	káːrbən
7)	N	窒素	Nitrogen	ナイトルジェン	náitrədʒən
8)	O	酸素	Oxygen	アクシジェン	áksidʒən
9)	F	フッ素	Fluorine	フルリーン	flú(ə)riːn
10)	Ne	ネオン	Neon	ニーオン	níːɑn
11)	Na	ナトリウム	Sodium	ソウディウム	sóudiəm
			（ドイツ語は Natrium ナトリウム）		
12)	Mg	マグネシウム	Magnesium	マグニーズィウム	mægníːziəm
13)	Al	アルミニウム	Aluminum	アルーミナム	əlúːminəm
14)	Si	ケイ素	Silicon	スィリクン	sílikən
15)	P	リン	Phosphorus	ファスフラス	fásf(ə)rəs
16)	S	硫黄	Sulfur	サルファー	sʌ́lfər
17)	Cl	塩素	Chlorine	クローリーン	klɔ́ːriːn
18)	Ar	アルゴン	Argon	アーガン	áːrgɑn
19)	K	カリウム	Potassium	プタッスィウム	pətǽsiəm
			（ドイツ語は Kalium カリウム）		
20)	Ca	カルシウム	Calcium	キャルシウム	kǽlsiəm
21)	Sc	スカンジウム	Scandium	スキャンディウム	skǽndiəm
22)	Ti	チタン	Titanium	タイテイニウム	taitéiniəm
23)	V	バナジウム	Vanadium	ヴァネイディウム	vənéidiəm
24)	Cr	クロム	Chromium	クロウミウム	króumiəm
25)	Mn	マンガン	Manganese	マンガニーズ	mǽŋgənìːz
26)	Fe	鉄	Iron	アイヨン	áiərn
			（フランス語は Fer フェール）		
27)	Co	コバルト	Cobalt	コウボールト	kóubɔːlt
28)	Ni	ニッケル	Nickel	ニク（ル）	níkəl
29)	Cu	銅	Copper	カパー	kápər
			（フランス語は Cuivre キュイーヴル）		
30)	Zn	亜鉛	Zinc	ズィンク	zíŋk
31)	Ga	ガリウム	Gallium	ギャリウム	gǽliəm
32)	Ge	ゲルマニウム	Germanium	ジェルメイニウム	dʒərméiniəm
33)	As	ヒ素	Arsenic	アースニック	áːrsənik
34)	Se	セレン	Selenium	スリーニウム	silíːniəm

30 第6講 ion はイオンではありません：正しい英語の発音を確認

35)	Br	臭素	**B**romine	ブロウミーン	bróumi:n
36)	Kr	クリプトン	**K**rypton	クリプタン	kríptɑn
37)	Rb	ルビジウム	**R**ubidium	ルビディウム	rubídiəm
38)	Sr	ストロンチウム	**S**trontium	ストランシウム	stránʃiəm
39)	Y	イットリウム	**Y**ttrium	イットリウム	ítriəm
40)	Zr	ジルコニウム	**Z**irconium	ズィルコニウム	zirkóuniəm
41)	Nb	ニオブ	**N**iobium	ナイオウビウム	naióubiəm
42)	Mo	モリブデン	**M**olybdenum	モリブドゥナム	məlíbdənəm
43)	Tc	テクネチウム	**T**echnetium	テクニーシウム	tekníːʃiəm
44)	Ru	ルテニウム	**R**uthenium	ルシーニウム	ruːθíːniəm
45)	Rh	ロジウム	**R**hodium	ロウディウム	róudiəm
46)	Pd	パラジウム	**P**alladium	パレイディウム	pəléidiəm
47)	Ag	銀	**S**ilver	スィルヴァー	sílvər
			（フランス語は **A**rgent アルジャン）		
48)	Cd	カドミウム	**C**admium	キャドミウム	kǽdmiəm
49)	In	インジウム	**I**ndium	インディウム	índiəm
50)	Sn	スズ	**T**in	ティン	tín
			（ラテン語は **S**tannum スタンヌム）		
51)	Sb	アンチモン	**A**ntimony	アントゥモニ	ǽntəmòuni
			（ラテン語は **S**tibium スティービウム）		
52)	Te	テルル	**T**ellurium	テルーリウム	telú(ə)riəm
53)	I	ヨウ素	**I**odine	アイアダイン	áiədàin
54)	Xe	キセノン	**X**enon	ズィーナン	zíːnɑn
55)	Cs	セシウム	**C**aesium	スィーズィウム	síːziəm
56)	Ba	バリウム	**B**arium	ベアリウム	bé(ə)riəm
57)		ランタノイド	**L**anthanoid	ランサノイド	lǽnθənoid
~ 71)					
72)	Hf	ハフニウム	**H**afnium	ヘァフニウム	hǽfniəm
73)	Ta	タンタル	**T**antalum	タントゥラム	tǽnt(ə)ləm
74)	W	タングステン	**T**ungsten	タングストゥン	tʌ́ŋstən
			（ドイツ語は **W**olfram ヴォルフラム）		
75)	Re	レニウム	**R**henium	リーニウム	ríːniəm
76)	Os	オスミウム	**O**smium	アズミウム	ázmiəm
77)	Ir	イリジウム	**I**ridium	イリディウム	irídiəm
78)	Pt	白金	**P**latinum	プラティナム	plǽt(ə)nəm

79)	Au	金	Gold	ゴウルド	góuld
			（ラテン語は Aurum アウルム）		
80)	Hg	水銀	Mercury	マーキュリー	mə́ːrkjuri
			（ラテン語は Hydrargyrum ヒュドラルギュルム）		
81)	Tl	タリウム	Thallium	サリウム	θǽliəm
82)	Pb	鉛	Lead	レッド	léd
			（フランス語は Plomb プロン）		
83)	Bi	ビスマス	Bismuth	ビズマス	bízməθ
84)	Po	ポロニウム	Polonium	ポロウニウム	pəlóuniəm
85)	At	アスタチン	Astatine	アスタティーン	ǽstətìːn
86)	Rn	ラドン	Radon	レイダン	réidɑn

元素の発音はいかがでしたか？　特に覚えておいていただきたいのは

1) Na（ナトリウム）の英語名が「sodium」であり，K（カリウム）の英語名が「potassium」であること，

2) 日本語の元素名「チタン」「ニオブ」「セレン」「クロム」の英語名は金属元素を表す接尾辞「-ium」がついて「titanium」【note 1】「niobium」「selenium」「chromium」となること，

3) Al（アルミニウム）はイギリス英語では「aluminium」（発音はアリュミニウム）だけれど，アメリカ英語では「aluminum」（発音はアルーミナム）であること【note 2】，

4) Pb（鉛）の英語名「lead」の発音が「レッド」[léd]であること，

5) S（硫黄）の綴りは「sulfur」（IUPAC が認めている）であるが，イギリス英語では「sulphur」と表記されている（IUPAC は認めていない）こと，

などです．

さて，元素記号は 1814 年にベルセリウスが考案したものに基づき，ラテン語の 1，2 文字をとって作られました．その後続々と新しい元素が発見され，現在発見されている元素の総数は 118 個．発見者に新元素の命名権があるので，理化学研究所のチームが発見した 113 番目の元素が 2016 年にニホニウム（Nh）となったのはご記憶に新しいことでしょう．

ところで，ここにあげた 86 番目までの元素記号をご覧になるとおわかりのように，実際はほとんどの元素記号は英語名の最初の 1，2 文字と同じです．ただし，

Na，K，W の３つはドイツ語の Natrium，Kalium，Wolfram の頭文字，Fe，Cu，Pb の３つはフランス語の Fer，Cuivre，Plomb から来ているという事実は興味深いですね．

　全ての元素の英語名と正しい発音を一度に覚える必要はもちろんありません．大切なのは，皆さんにとって重要な元素（いま関心のある元素，卒論で所属したいと思っている研究室が扱っている元素など）の発音をまず正確に知り，自分でも正しく発音できるようになることです．そのためには繰り返し，声に出して発音してみることが有効です．

【note 1】titanium の発音はタイテイニウム［taitéiniəm］ですが，このローマ字読み「チタニウム」を「Ti」の和名と間違えているケースをよく見かけます．日本語の正式な名称は「チタン」であって「チタニウム」ではないことにも注意してください．
【note 2】アルミニウムの持つ２つの名前については，その歴史を第５講で詳しく説明しています．

= **Tea Time** =

　　　　　元素記号は世界共通語

　さて化学の基本はなんといっても元素．ちょっと脱線しますが，元素記号にまつわる印象的なエピソードがあります．「サザエさん」の原作者，故長谷川町子さんがヨーロッパを旅行した時に，消毒薬が必要になり，オキシフル（過酸化水素水）を薬局で買おうとしたが，どうしても言葉が通じない．困り果てた挙句，ふと女学校で習った化学式を思い出して H_2O_2 と書いたところ，たちまち手に入れることができたというのです．
　「化学式は意外なところで役に立つ」というお話．

第 7 講　リスニング

アルカンはアルケン，アルケンはアルキン，アルキンはアルカン?!

　アミドとアミン．みなさんにとっておなじみの化合物だと思いますが，英語ではそれぞれどのように発音するのでしょう？

　アミド（amide）は「アマイド」[ǽmaid]と発音します．ではアミン（amine）は？「アマイン」と，言いたいところですが，こちらは「アミーン」[əmíːn]なのです．「i」の発音が「アイ」になったり「イ」だったり．なかなか英語の発音は一筋縄ではいきません．

●炭化水素と有機化合物の名称

　さて，化合物の発音の中でも特に面白い（というか紛らわしい）のが炭化水素のシリーズです．日本語でアルカン（メタン，エタンなど），アルケン（エテン，プロペンなど），アルキン（プロピン，ブチンなど）と呼んでいるものが，英語では，それぞれアルケイン[ǽlkein]，アルキーン[ǽlkiːn]，アルカイン[ǽlkain]と発音されるのです．propyne をプロピンと発音すると，propene（日本語のプロペン，英語の発音は[próupiːn]）と誤解されてしまうわけですね．

　こんな風に説明すると，化学英語って大変！と思われてしまいそうですが，実際はいくつかの特徴さえつかめば，化合物の発音はそれほど面倒ではありません．慣れれば，初めて聞く単語でも日本語名の見当がつくようになっていきます．

　そこで，代表的な炭化水素化合物，有機化合物の発音を，いくつかの注意点とともにまとめてみました．次ページの表をご覧ください．

●無機化合物の名称

　次に，基本的な無機化合物の読み方について見ていきます．一番簡単な無機化合物は，炭化ケイ素（SiC）など2種類の元素からなる二元化合物ですが，この場合

　1）　2つの元素を陽性部分，陰性部分の順に並べて化学式ができあがること，

34 第7講 アルカンはアルケン，アルケンはアルキン，アルキンはアルカン?!

表　炭化水素化合物，有機化合物の発音

日本語名	英語名	英語の発音	備考
アルカン	alkane	アルケイン ǽlkein	「a」の発音はしばしば「エイ」となる
メタン	methane	メセイン méθein	「th」の発音は「た行」ではなくて「さ行」（ただし舌を上の前歯の裏に軽く当てて発音する）
エタン	ethane	エセイン éθein	
ブタン	butane	ビュテイン bjú:tein	「ブ」ではなく「ビュ」と発音することに注意
アルケン	alkene	アルキーン ǽlki:n	「ene」は英語では「イーン」と発音される
エテン	ethene	エシーン éθi:n	
プロペン	propene	プロピーン próupi:n	
アルキン	alkyne	アルカイン ǽlkain	「yne」は英語では「アイン」と発音される
プロピン	propyne	プロパイン próupain	
ブチン	butyne	ビュタイン bjú:tain	
シクロ	cyclo	サイクロ／スィクロウ sáiklo / sí:klou	環状化合物を意味する接頭辞「y」は「アイ」または「イ」と発音される
シクロヘキサン	cyclohexane	サイクロヘキセイン sáikləhéksein	
アルデヒド	aldehyde	アルデハイド ǽldəhàid	
ジエチレングリコール	diethylene glycol	ダイエスリングライコール dáiéθəlì:n gláikɔ:l	日本語で「ジ」と読んでいる「di」は英語では「ダイ」
ジエチルエーテル	diethyl ether	ダイエシルイーサー dáiéθəl íːθər	「エーテル」はオランダ語の発音．英語では「イーサー」
アミラーゼ	amylase	アミレイス ǽməlèis	酵素の語尾「アーゼ」はドイツ語の発音．英語では「レイス」
リパーゼ	lipase	ライペイス láipeis	「i」の発音は「アイ」または「イ」

2) 陽性部分は元素名をそのまま読むこと,

は日英で共通です.

英語では

1) 陽性部分,陰性部分の順に読み,また,

2) 陰性部分は「元素名＋ide」と変化するのに対し,

日本語では

1) 陰性部分,陽性部分の順に読み,

2) 陰性部分は「元素名＋化」と変化すること,

が異なります.

「SiC」の例で説明すると,英語では前の元素「silicon」はそのままで,後ろの元素「carbon」が「carbide」となるので,「silicon carbide」(発音はスィリコン カーバイド〔sílikən káːrbaid〕)です.一方日本語では後ろにある元素「炭素」に「〜化」を加えた「炭化」が前に,そのあとに「ケイ素」が来るので,「炭化ケイ素」となります.

化学式の中に同じ原子が複数含まれている場合には原子の数(ギリシャ語)を加えて読みます.カルシウム原子が3個とリン原子2個からなる化合物「Ca_3P_2」を例に考えてみましょう.

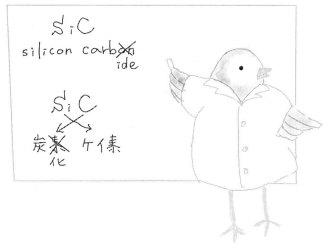

無機化合物名の組み立て方

日本語の表記では，基本の「リン化カルシウム」にそれぞれの原子数を漢数字で付け加え，「二リン化三カルシウム」となります．

英語では，基本の「calcium phosphide」にそれぞれの原子数をギリシャ語で付け加えて，**tri**calcium **di**phosphide（発音は，トライカルスィウム ダイファスファイド［tráikǽlsiəm dáifásfaid］）となります．

ところで，「OH⁻」は無機化合物では水酸化物イオン（hydroxide ion）（発音はハイドロキサイド アイオン［haidráksaid áiən］）ですが，有機化合物中では「—OH」はヒドロキシ基（hydroxy group）（発音はハイドロクスィ グループ［haidráksi grúːp］）という官能基になることに注意しておきましょう．

●酸，塩，エステルの名称

身近なオキソ酸の場合，日本語も英語も中心になっている元素を基に名称が作られていることが多く，日本語では「中心元素名（の一部）＋酸」，英語では「中心元素の語幹＋ic acid」が酸の名称になります．

例えば硫酸（H_2SO_4）の場合は中心になっている元素は硫黄（sulfur）なので「sulfur＋ic」から sulfuric acid（発音はサルフュリック アスィッド［sʌlfjú(ə)rik ǽsid］）となりますし，硝酸（HNO_3）の場合は中心元素の窒素（nitrogen）から ogen を除いた nitr＋ic で nitric acid（発音はナイトリック アスィッド［náitrik ǽsid］），リン酸（H_3PO_4）の場合は中心元素リン（phosphorus）から us を除いた phosphor＋ic で phosphoric acid（発音はファスフォリック アスィッド［fɑsfɔ́ːrik ǽsid］），クロム酸（H_2CrO_4）の場合はクロム（chromium）から ium を除いた chrom＋ic で chromic acid（発音はクロウミック アスィッド［króumik ǽsid］）となるわけです．

これらの酸が塩基と反応して生じる塩の名称は「陽イオン＋酸の名称（－ic＋ate）」となります．

例えば硝酸ナトリウム（$NaNO_3$）は，sodium nitrate（nitric acid － ic＋ate）（発音はソウディウム ナイトレイト［sóudiəm náitreit］），リン酸三ナトリウム（Na_3SO_4）はナトリウム原子が3個あるので，trisodium phosphate（phosphoric acid － oric＋ate）（発音はトライソウディウム ファスフェイト［tráisóudiəm fásfeit］）となります．

塩基の代わりにアルコールと反応することで生じるエステルも同様に「アルコ

ール＋酸の名称（− ic ＋ ate）」となります．

例えば硝酸とエチルアルコールが反応してできる硝酸エチルは英語で「ethyl nitrate」（発音はエスル ナイトレイト［éθəl náitreit］），硫酸とメチルアルコールから生じるエステル「硫酸ジメチル」は「dimethyl sulfate」（発音はダイメスル サルフェイト［dáiméθəl sʌ́lfeit］）なのです．

ここで，これまで出てきた無機化合物を一覧表にまとめてみましょう．

表　無機化合物の名称

化学式	日本語名	英語名
SiC	炭化ケイ素	silicon carbide
Ca_3P_2	二リン化三カルシウム	tricalcium diphosphide
無機　OH^-	水酸化物イオン	hydroxide ion
有機　—OH	ヒドロキシ基	hydroxy group
H_2SO_4	硫酸	sulfuric acid
HNO_3	硝酸	nitric acid
H_3PO_4	リン酸	phosphoric acid
H_2CrO_4	クロム酸	chromic acid
$NaNO_3$	硝酸ナトリウム	sodium nitrate
Na_3PO_4	リン酸三ナトリウム	trisodium phosphate
$C_2H_5NO_3$	硝酸エチル	ethyl nitrate
$(CH_3)_2SO_4$	硫酸ジメチル	dimethyl sulfate

Tea Time

あなたはダイエット派？　それとも筋トレ派？

英語の勉強って何だかこの2つに似ているような気がします．脂肪を落とすのも，筋肉をつけるのも，地道な努力が必要な上にそれを続けるのはしんどい．苦労してやっと少し効果が現れてきたと思っても，ちょっと気を抜くとすぐ元に戻ってしまう．でも，そこであきらめないで続けていくと，いつの間にか体重が減り，筋肉がついていることに気づいて驚くことでしょう．

ダイエットや筋トレと同じで，英語の場合も，他の人に良い方法であっても自分に合っているとは限りません．例えばどのくらい筋肉がついているかによって，適したダンベルの重さは違います．無理をして負荷の高いエクササイズをすると，今ある筋肉を痛

めることにすらなってしまいます.

英語の勉強,特にリスニングも同じで,今の自分にあったレベル（それはボキャブラリだったり,文章の複雑さだったり,話す速度だったりさまざまですが）の文章を聞くことが大切です.内容がわからない難しい文章をいくらたくさん聞いても力になるどころか,下手をすると英語が嫌いになってしまうかもしれません.

では,今の自分のレベルにあっている,というのはどういう英文かというと,

1) 完璧には聞き取れなくても,あらすじはわかる,

2) 音声は聞き取れないが,目で読めば内容がわかる,

というような文章です.

そういう英文を「たくさん聞く」こと.聞くときに「神経を集中して聞く」こと.そして何よりも「聞き続ける」ことでリスニングの力がどんどんついていくのだと思います.

続けるためには「歯を食いしばって頑張る」のではなく,楽しみながら勉強することが一番.

化学英語って難しい？と聞かれたら「英文科の人にとってはイエス.でも化学科の人にとってはノー」と答えます.英語ができても化学を知らない人にとっては難しい化学英語ですが,むしろ化学科の皆さんにとっては英語を身につける最短コースかもしれません.

現在の英語力は,これまでの英語学習の結果です.英語が不得意だと思っている方こそ,今ここで,これまでの英語にまつわる思い出をいったんリセットして,新たに英語に取り組みませんか？ 化学英語の勉強を通じて.

専門用語や特有の言い回しになれることが必要なので,最初のハードルはやや高いかもしれませんが,慣れてくればどんどん読めるようになり,聞けるようになります.そうなると,書いたり話したりすることもだんだんと楽になっていきます.

リスニングを毎日続ける,と聞くと大変そうと思うかもしれませんが,面白いトピックを1回5分から10分聞くだけなら,楽しみながら続けられるのではないでしょうか.

インターネットを利用したリスニングの練習については第10講でご紹介します.

あなたはダイエット派？ それとも筋トレ派？（ちなみに,私は筋トレ派です.）

第 8 講　リスニング

リスニング問題初級編：
リピーティングとシャドーイングで力をつける

　この講は朝倉書店のウェブサイトからダウンロードしたオリジナル音源を聴きながらお読みください．

　オリジナル音源（混合物と化合物 A，B，C，D，化学方程式）のダウンロードはこちらから．▶ http://www.asakura.co.jp/books/isbn/978-4-254-14675-2/

● 混合物と化合物

　最初は，混合物と化合物に関する解説です．次のイラストを参照しながら，「混合物と化合物 A」を聞き，各問いに答えてください．

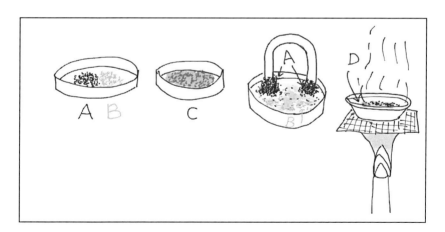

Q.1　イラスト中，A，B，C，D で示されている物質は次のどれですか？
　　▶ [sulfur / iron / mixture of sulfur and iron / iron sulfide]
Q.2　各物質は混合物ですか？　単体ですか？　それとも化合物ですか？　そ

40 第8講 リスニング問題初級編：リピーティングとシャドーイングで力をつける

れはなぜですか？

Q. 3 天然に産出する pyrite（A〜D のどれのことですか？）が fool's gold と呼ばれる理由は何でしょうか？

ちなみに，pyrite の日本語名は黄鉄鉱．ハンマーなどで叩くと火花を散らすことから，ギリシャ語の「火」を意味する「pyr」にちなんで英語名が付けられています．

それでは各単語の意味を確認していきましょう．

単語リスト

filings [fáiliŋz] やすりで削って得た粉／sulfur [sʌ́lfər] 硫黄／element [éləmənt] 元素／be broken down into 〜 分解して〜になる／substance [sʌ́bst(ə)ns] 物質／merely [míərli] 単に／chemical reaction [kémikəl riǽkʃən] 化学反応／occur [əkə́:r] 生じる／component [kəmpóunənt] 成分／mixture [míkstʃər] 混合物／magnet [mǽgnit] 磁石／reaction does occur 反応は起こる（強調）／no longer 〜 もう〜でない／be known as 〜 〜として知られている／iron sulfide [áiərn sʌ́lfaid] 硫化鉄／mineral [mín(ə)rəl] 鉱物，鉱石／pyrite [páirait] 黄鉄鉱／fool's gold [fú:lz góuld] 愚者の金／deceive [disí:v] まどわす，だます／gullible [gʌ́ləbl] だまされやすい／prospector [práspektər] 金鉱などの探索者

A. 1 A = iron, B = sulfur, C = mixture of sulfur and iron, D = iron sulfide

A. 2 A（鉄）と B（硫黄）は単体．▶理由：それぞれ元素であり，すなわちそれ以上分けることのできない 1 種類の物質であるから．

C は混合物．▶理由：2 つの成分（鉄と硫黄）は磁石を使って簡単に分離できるから．

D（硫化鉄）は化合物．▶理由：鉄と硫黄という 2 つの物質が化学反応を経て硫化鉄を生じている．もはや簡単な手段でこれを元の 2 つの成分に戻すことはできないから．

A. 3 D．▶外観が金色なため，金を探していた人々に金と間違えられたから．

●単語の発音練習

続いて,「混合物と化合物 B」を利用し,英語の音声に続いて,自分でも声に出して単語の発音練習をします.英語を発音した後,その日本語訳も声に出して読みましょう.慣れてきたら,テキストは見ないで,音声だけを聞いて,英語に続いて日本語が言えるように練習します.

そのあとで,もう一度「混合物と化合物 A」を聞いてみてください.以前より一つ一つの単語がはっきりと聞き取れませんか? 英語の単語を聞いた瞬間にその意味が頭に浮かぶようになると,リスニングの力はどんどんついていきます.

●リピーティングの練習

次はリピーティングの練習です.

ナレーターが間にポーズを挟みながら文章を読み上げます(「混合物と化合物 C」)ので,ポーズの間にいま聞いた英語を声に出して繰り返してください.(ポーズが短ければ,いったん音声を止めて練習しても結構です.)はじめはテキストを見ながら行ってみましょう.

ここで重要なのは必ず声に出して練習することです.最初はスラスラと読めないかもしれません.いつも同じ場所でつっかえてしまうなら,その部分だけ繰り返し発音の練習をしてみましょう.続けていくうちに,だんだんと口が慣れてスムーズに音読できるようになります.

滑らかにリピーティングができるようになったら,テキストを見ずに,音声だけを聞きながらリピーティングに挑戦してみましょう.文章を覚えてしまうくらい繰り返すと,リスニングだけでなくスピーキングの力も向上します.

●シャドーイングの2つの練習

さて,ここまででも十分ですが,余力のある方は,最後にシャドーイングに挑戦してみてください.シャドーイングとは,英語の音声を聞きながら,少し後か

らいま聞いた英語をそのまま繰り返して発音する練習です．英語を英語らしく話すのにとても役立つ練習ですが，かなり英語の基礎体力がないと難しいことも事実．そこでここではシャドーイングの前段階として，2つの練習をご紹介します．

1) 先ほどよりも速いスピードでナレーターが読み上げる文章（混合物と化合物D）を聞きながら，まずは黙ってテキストを目で追ってみましょう．最初はナレーターの読み上げるスピードが速すぎて置いてきぼりにされたり，あるいは目で追うスピードが速すぎて，先走ってしまったり，と同じ速度でテキストを追うのは難しいかもしれませんが，よく耳で音声を聞きながら，同じ速さでテキストを目で追いかけるように練習してみてください．

2) 目で追うことに慣れてきたら，声を出して，ナレーターと同じ速さでテキストを読み上げましょう．声は小さくても構いません．

These piles of iron filings and yellow sulfur powder are examples of elements. They cannot be broken down into simpler substances. When iron and sulfur are merely mixed together, no chemical reaction occurs. The two components of the mixture can be separated quite easily by using a magnet to remove the iron filings. But if the iron/sulfur mixture is heated, a chemical reaction does occur, and the two components can no longer be readily separated. The compound which results is known as iron sulfide (FeS). In nature, FeS occurs as the mineral pyrite, also known as "fool's gold" because its golden color deceived some gullible prospectors.

　これらの鉄粉（やすり粉）と黄色い硫黄粉末の山は元素単体の例で，これ以上簡単な物質には分割できない．鉄と硫黄が単に混ぜ合わされているだけでは，化学反応は生じない．磁石を使って鉄粉を取り除けば，この混合物を構成しているこれら2つの成分は簡単に分離できる．しかしこの鉄と硫黄の混合物を加熱すると，化学反応が起こり，これらの2成分を簡単に分離することはもはや不可能になる．硫化鉄（FeS）として知られている化合物が生じるのだ．FeSは天然には黄鉄鉱という鉱物として産生するのだが，金鉱採掘者がこの金色に騙された（これを金と間違えた）ため，この鉱石は「fool's gold」（愚者の金）とも呼ばれた．

　リスニングの力をつけるためのエクササイズとして

1) 単語の読み上げ（英語／日本語）
2) リピーティング
3) シャドーイング（前段階としての練習1と2）
を実際に行ってみた感想はいかがでしたか？

　リピーティングやシャドーイングの練習をしてから，改めてナレーションを聞いてみると，前よりも一つ一つの単語が「はっきり」聞こえてきたと思います.

　リスニングでは，まずは単語（キーワード）がはっきり聞き取れることが大切です. それから，いくつかの単語がつながった文の一部（フレーズ）がはっきり聞き取れるようになり，だんだん聞き取れる部分が長くなり，最終的には，話の流れがスムーズに頭に入ってくるようになるはず. つまり，英語を日本語に翻訳せずに，イメージとして意味が取れてくる. 英語は反射. 聞いた瞬間に，意味が取れるようになるためには，地道な繰り返し練習が重要です.

●化学方程式
　次は化学方程式に関する文章です. まず音声（「化学方程式」）を聞いてください.

Q.1 　次にあげる物質はこの文章中に登場しましたか？　文中に登場したものには○を，そうでないものには×をつけ，訳語を書きましょう.

　ヒント1)「calcium carbonate」という語がテキストに登場したのかどうか自信がないときは，まず「calcium carbonate」を正確な発音で何度か声に出して読んでみてから音声を聞きましょう. 前よりも自信をもって答えることができるはず.

　ヒント2) 英語名を日本語名にするのが難しいときは，本書の第6講（元素）と第7講（無機化合物）を先に読み，それからこの問いに答えてみてください.

1) calcium carbonate
2) sodium carbonate
3) calcium sulfate
4) potassium sulfate
5) lithium sulfate
6) sulfuric acid
7) carbonic acid
8) carbon dioxide
9) water
10) oxygen
11) hydrogen

Q. 2 音声をもう一度聞いて，下記の化学方程式の空欄を埋めてみましょう．（　）内には数字が入ります．

ヒント) 全てを聞き取ろうと思うと，数字を聞き逃してしまうことも多いので，数字だけに集中して聞いてみてください．

▶ $CaCO_3$ (　　g) + H_2SO_4 (　　g)
⟶ $CaSO_4$ (　　g) + CO_2 (　　g) + H_2O (　　g)

Q. 3 最後に次のイラストを見ながら再度音声を聞き，空欄を埋めてください．

ヒント) 1回目で聞き取れなかった語があってもガッカリせずに文章全体を読んで意味を取ってみましょう．空欄に入る語を想像しながら2回目を聞いてください．例えば「b」の音が聞き取れたなら「b」から始まる語を思い出してみる．テキストは繰り返し何回聞いても結構です．

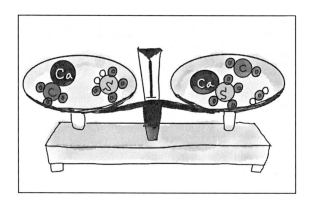

A chemical (　　)1) accurately describes the nature of a chemical (　　)2). For the example of a chemical reaction above, we can write the relative (　　)3) masses of the (　　)4) (on the left-hand side of the equation) and of the (　　)5) (on the right). Expressing the masses of each in (　　)6), the equation tells us that 100 grams of calcium carbonate (　　)7) with 98 grams of sulfuric acid to (　　)8) 136 grams of calcium sulfate, 44 grams of carbon dioxide and 18 grams of (　　)9). This confirms that the equation (　　)10) : 198 grams of reactants (　　)11) 198 grams of products. Furthermore, we can (　　)12) that when chalk — calcium carbonate — is dropped into (　　)13), it effervesces as bubbles of carbon dioxide are produced.

　化学方程式は化学反応の本質を正確に表す．上記の化学反応の例で言えば，反応物質（化学方程式の左辺）と生成物（右辺）の相対的な分子量を記載することができる．それぞれの質量をグラムで表すと，この方程式から100 gの炭酸カルシウムが98 gの硫酸と反応すると，136 gの硫酸カルシウムと44 gの二酸化炭素と18 gの水が生じることがわかる．このことから本方程式が釣り合っていることが確認できる．つまり198 gの反応物から198 gの生成物が生じている．さらにこの式から，チョーク（炭酸カルシウム）を酸の中に落とせば，二酸化炭素の泡が生成するので，液は泡立つだろう，と推論することができる．

A.1　1)　○，炭酸カルシウム　　5)　×，硫酸リチウム　　9)　○，水

　　　2)　×，炭酸ナトリウム　　6)　○，硫酸　　　　　　10)　×，酸素

　　　3)　○，硫酸カルシウム　　7)　×，炭酸　　　　　　11)　×，水素

　　　4)　×，硫酸カリウム　　　8)　○，二酸化炭素

A.2　100 g，98 g，136 g，44 g，18 g

A.3　1)　equation　　　6)　grams　　　11)　yield

　　　2)　reaction　　　7)　reacts　　　12)　deduce

　　　3)　molecular　　8)　produce　　13)　acid

　　　4)　reactants　　9)　water

　　　5)　products　　10)　balances

第9講 リスニング

リスニング問題中級編：長文はメモを取りながら聞く

この講は朝倉書店のウェブサイトからダウンロードしたオリジナル音源を聴きながらお読みください.

オリジナル音源（有機化学 A，B，光合成 A，B）のダウンロードはこちらから. ▶ http://www.asakura.co.jp/books/isbn/978-4-254-14675-2/

●有機化学

次の文章は「Organic Chemistry」に関するものです. 最初は，速いスピードのナレーション（有機化学 A）を聞いてみましょう.

Q. 1 地球上の生命と炭素との関わりについて5つのポイントを述べています. いくつ聞き取れましたか？

Q. 2 炭素原子が万能（versatile）である，その理由は？

Q. 3 この文章におけるキーワードは何でしょう？ いくつでもあげてください.

今度はやや遅いスピードのナレーション（有機化学 B）を聞いてみましょう.

Q. 4 下記の文章はテキストの内容と一致していますか？ 一致していれば○を，そうでなければ×をつけてください.
1) はるか昔，大気中の炭素化合物が地球のまわりに熱を遮断する層を形成した.
2) 熱を遮断する層が形成され，地球は冷えていった.
3) 太陽の熱が貯えられ，徐々に温められた地球で生命が進化した.
4) 地球上の生命の要ともいえる元素は炭素である.

5) 炭素は地球全体の10％を占めている．

6) 生化学が主として扱うのは窒素化合物である．

7) Carbon circulates through plants, animals, and the atmosphere in a process known as the carbon cycle.

8) Carbon is also returned to the environment when biomass fuels are burned to release energy.

9) Carbon-based fuels account for 70 percent of the energy that is used on the planet today.

10) The reason why organic compounds are so called is that chemists once thought that these compounds could only be found in living organisms.

A.1　1) はるか昔，大気中の炭素化合物により，地球のまわりに熱を遮断する層が生まれた．（その結果，徐々に温められた地球で生命が進化した．）

2) 地球の1％にも満たない炭素こそが生命の要であり，あらゆる生物を作り上げている分子は炭素化合物がもとになっている．

3) 生物の化学である生化学は主として炭素化合物を扱う．

4) 炭素は植物，動物，土壌，大気の間を循環している（炭素サイクル）．

5) 有機分子（かつて生命体にしか存在しないと思われていたのでそう名付けられた）は炭素原子からできている．単結合，二重結合，三重結合で結びつけられている炭素原子から形成されるさまざまな化合物が有機化学の基礎となっている．

A.2　各炭素原子は4本の共有結合を作るから．（単結合，二重結合，三重結合を組み合わせることで，多様な化合物が生まれる．）

A.3　carbon compound, life, carbon, earth, biochemistry, carbon cycle, carbon-based fuels, organic molecules, single covalent bond, double covalent bond, triple covalent bond, organic chemistry など．

48   第9講　リスニング問題中級編：長文はメモを取りながら聞く

<u>A. 4</u>　1)　○　　6)　×
　　　2)　×　　7)　×
　　　3)　○　　8)　○
　　　4)　○　　9)　×
　　　5)　×　　10)　○

Millions of years ago, carbon compounds in the atmosphere formed an insulating blanket around the Earth which trapped the Sun's heat. This gradually made the Earth warm enough for life to evolve. Carbon remains central to life on Earth, although it makes up less than 1 percent of the Earth: the molecules that make up all living things are based on carbon compounds. Biochemistry, the chemistry of living organisms, is primarily concerned with carbon compounds.

Carbon circulates through plants, animals, the soil and the atmosphere in a process known as the carbon cycle. Carbon is also returned to the environment when biomass fuels such as wood, or fossil fuels such as oil, gas and coal — made up of carbon-containing organic material that originated millions of years ago — are burned to release energy. Carbon-based fuels account for 75 percent of the energy that is used on the planet today.

Carbon is versatile because each carbon atom forms four covalent bonds. Organic molecules (so called because chemists once thought that these compounds could only be found in living organisms) are made up of carbon atoms bonded together by single, double or triple covalent bonds. The range of compounds formed by these bonded carbon atoms are the bases of organic chemistry.

　はるか昔，大気中の炭素化合物が地球のまわりに熱を遮断する層を形成し，太陽の熱を貯えた．これにより徐々に温められた地球で生命が進化した．地球全体の1%にも満たないものの，炭素は引き続き地球上の命の要であり，あらゆる生物を作り上げている分子は炭素化合物がもとになっている．生物の化学である生化学は主として炭素化合物を扱う．

　炭素は植物，動物，土壌，大気の間を，炭素サイクルと呼ばれるプロセスで循環している．そして木材などのバイオマス燃料や，石油，天然ガス，石炭などの

化石燃料（何百万年も前の炭素含有有機物質からできた）が燃えてエネルギーを放出するときにも，炭素はわれわれを取り巻く環境へと戻ってくる．炭素ベースの燃料は今日地球上で使われているエネルギーの75%を占める．

炭素原子は4本の共有結合を作るゆえに万能である．有機分子（こう呼ばれるのは，かつて化学者がこれらの化合物は生命体にのみ含まれると考えていたからである）は単結合，二重結合，あるいは三重結合で結びつけられている炭素原子からできている．このように結合された炭素原子から形成される一連の化合物が，有機化学の基礎になっている．

さて，前ページの英文を見ながら，もう一度音声（有機化学A，B）を聞き，先ほど聞き取れなかった単語に下線を引きましょう．

聞き取れなかった単語は知らない単語でしたか？　それともテキストを見れば，知っている単語なのに聞き取れなかったのでしょうか？

繰り返しになりますが，知らない単語は聞き取れません．（これを機に新しく覚えていきましょう．）でも，文字を見れば知っている単語なのに，聞き取れなかったとすると，その理由を考える必要があります．

「有機化学A」と「B」の違いはテキストを読み上げる速さだけではありません．発音そのものが変化しているところもあるのです．ゆっくり読み上げるときにはすべての冠詞や前置詞がはっきりと発音されるのに対し，速い速度では，速く弱く発音される冠詞や前置詞は聞き取りにくく，また単語同士がつながってしまい，音そのものが変化します．リスニング力を向上させるためには，このように発音が状況によって変化することを知り，それに慣れることが大切です．

そのために有効なのが，リピーティング（音声を止めていま聞いた英語を繰り返す練習）やシャドーイング（音声を止めずに，少しあとから追っかけて英語を発音する練習）です．「有機化学A」と「B」を利用し，是非リピーティングやシャドーイングの練習をなさってみてください．（リピーティングとシャドーイングの方法は第8講で解説しています．）

●メモの勧め

短い文章なら，いま聞いた内容をすぐに思い出すことができますが，ある程度まとまった文章の場合，ただ漫然と聞いていると，聞き終わってから内容が思い

出せない，ということになりがちです．聞きながらメモを取ることができるようになると，集中して聞くことができるという利点に加えて，聞き終わった後に，内容のサマリーができているというおまけも付いてきます．

　さて，メモの達人は何といっても通訳者でしょう．彼らは発言のすべて（100％）をメモを見ながら再生するわけですから．と言っても聞いたことすべてを書き取ることは時間的に不可能です．まず重要なのは，固有名詞と数字（単位も忘れずに）．固有名詞の場合，スペルがわからない場合には，カタカナでよいので，聞こえた通りに取ります．次に重要なのは話の流れです．動きのあるもの（時間の経緯や因果関係）は矢印で．状況や場面は記号を多用して図に描くなど．（参考サイト：同時通訳者の英語ノート術＆学習法▶ http://www.alc.co.jp/translator/article/tobira/IJET25_05_01.html，通訳者のメモの取り方について▶ http://imaruo.blog.so-net.ne.jp/2010-05-30）

　私たちは通訳をするわけではないので，要点だけを書き留めればよいのです．メモを取るのに夢中になるあまり，話が聞き取れなくては本末転倒．聞いているときに「あっ，これは重要」と感じたところを，なるべく簡潔にメモりましょう．最初はなかなか思うように取れないかもしれませんが，練習を重ね，メモを取る習慣が身につくにつれて，上手になるはず．メモを取るのに慣れると大学の授業でもおおいに役立ちますよ．

● 光合成

　メモを取るのに慣れてきたら，少し長い文章にチャレンジしましょう．「光合成A」は通常の速さ，「光合成B」はすこしゆっくり読んだものです．

　長い文章を集中力を切らさずに聞き続けることは大変ですが，重要なキーワードをメモしながら聞くことで，話の流れを整理しながら聞くことができます．

Green plants use photosynthesis to capture energy radiated from the Sun. This sustains all life on Earth. In photosynthesis, water molecules are split and combined with carbon (derived from carbon dioxide in the atmosphere) to make the sugar glucose. The glucose is stored in the form of its polymer starch. It may be used to make the straight-chain polymer cellulose (the major supporting material in plant cell walls) or broken down by the plant during respiration to release energy. Most of the oxygen in the atmosphere that animals breathe is a byproduct of this reaction.

The key molecules in all light-driven biochemical reactions are biological pigments, which capture the energy of light when incoming photons boost the electrons in some of the pigment molecule's atoms to a higher energy level. The key pigment is chlorophyll, a porphyrin that has a magnesium (Mg^{2+}) ion at its center. Several small side-chains, attached outside the porphyrin ring, alter the absorption properties in different types of chlorophyll.

Porphyrins are derivatives of porphin, a simpler purple compound made up of pyrroles (containing carbon, nitrogen and hydrogen atoms), joined into a ring by methine ($-CH=$) groups. Porphyrins readily lose their central hydrogen atoms to take on a negative charge. The charge is neutralized by positively-charged metal ions such as iron (Fe^{2+}), magnesium (Mg^{2+}) and cobalt (Co^{2+}), which fit into the center of the porphyrin molecule. Other well-known porphyrins include hemoglobin, the oxygen-carrying protein in blood (which has an Fe^{2+} ion at its center), and vitamin B_{12}, which helps to synthesize amino acids (it has Co^{2+} at its center).

Chlorophyll absorbs light energy in the red and blue region of the visible spectrum, and thus appears green. During photosynthesis, it transfers this light energy into chemical energy. This happens when the photons of light absorbed by the chlorophyll excite the electrons of the magnesium ions. The electrons are then channeled away through the carbon bond system of the porphyrin ring to fuel photosynthesis.

Photosynthesis involves three series of chemical events; the light reactions and the dark reactions, during which energy is captured and stored; and a series of reactions to replenish the pigment.

The light reactions can take place only in the presence of light and occur on photosynthetic membranes in the chloroplasts of plants. During the reactions, a photon of light is captured by the chlorophyll molecule and excites an electron within the pigment. The excited electron travels along a series of electron-carrier molecules in the photosynthetic membrane to a transmembrane proton-pumping channel, where it induces a proton to cross the membrane. The proton later crosses back across the membrane, which drives the synthesis of the energy-carrying molecule, adenosine triphosphate (ATP). In addition, a second type of energy-carrying molecule, nicotine adenine dinucleotide phosphate (NADP), is reduced to form the electron carrier NADPH.

During the dark reactions, the energy from ATP and NADPH is used to make organic molecules from atmospheric carbon dioxide (CO_2) in a cycle of enzyme-catalyzed reactions known as carbon fixation.

During a third series of reactions the electron that was stripped from the chlorophyll at the beginning of the light reactions is replenished. Without this, the continuous removal of electrons from chlorophyll in photosynthesis would cause it to become deficient in electrons and it would no longer be able to trap photon energy by electron excitation.

　緑色植物は光合成を行って太陽からのエネルギーを受け取り，地球上のすべての生命体を養っている．光合成では，水分子が分解し，炭素（空気中の二酸化炭素から得る）と結合してグルコースとなる．グルコースはそのポリマーであるデンプンの形で貯蔵される．デンプンは直鎖状ポリマーであるセルロース（植物細胞壁の主な支持材料）を作るのに使われたり，呼吸によって分解され，エネルギーを放出する．動物が呼吸している空気中の酸素のほとんどは光合成の副産物なのである．

　光が開始するあらゆる生化学反応において最も重要な分子は生体色素で，その構成原子の電子が入射光の光子によって高いエネルギーレベルへと押し上げられる（励起される）時に，光のエネルギーを獲得する．ここで重要な色素はクロロフィルで，ポルフィリンの中心にマグネシウムイオン（Mg^{2+}）を有する構造を持つ．ポルフィリン環の外側に結合している短い側鎖の違いにより，クロロフィルにはいくつかの種類があるが，それぞれに応じて吸収スペクトルにも違いが生じている．

　ポルフィリンはポルフィン（炭素，窒素，水素原子を有するピロール分子がメチン（―C＝）基により結合した，大環構造の紫色の化合物）の誘導体である．ポルフィリンは簡単にその中央の水素原子を失って負に帯電する．この負電荷はポルフィリン分子の中央にはまり込む鉄（Fe^{2+}），マグネシウム（Mg^{2+}），コバルト（Co^{2+}）などの正に帯電した金属イオンによって中和される．そのほかの有名なポルフィリンには，血液中で酸素を運搬するタンパク質であるヘモグロビン（これは中心に Fe^{2+} イオンを含む）およびアミノ酸の合成を助けるビタミン B_{12}（こ

れは中心に Co^{2+} イオンを含む）がある.

　クロロフィルは可視光領域中で赤と青の光のエネルギーを吸収するため，緑色に見える．光合成の際，クロロフィルはこの光のエネルギーを化学エネルギーへと変換する．これはクロロフィルにより吸収された光の光子がマグネシウムイオンの電子を励起することによって生じる．電子はポルフィリン環の炭素結合系を通じて運ばれ，光合成の燃料となる.

　光合成には3系列の化学的事象が関与している．エネルギーが獲得，貯蔵される明反応と暗反応，そして色素を再生するための一連の反応である.

　明反応は光の存在下でのみ生じるもので，植物の葉緑体中の光合成膜上で起こる．反応中，光子はクロロフィル分子により捕捉され，色素内の電子を励起する．励起電子は光合成膜内の一連の電子運搬分子を伝って，膜を貫通しているプロトンポンプチャネルへと到達し，ここでプロトンを誘導して膜を透過させる．このプロトンはその後再び膜を通って戻り，それによってエネルギー運搬分子であるアデノシン三リン酸（ATP）が合成される．さらに第2のタイプのエネルギー運搬分子，ニコチンアデニンジヌクレオチドリン酸（NADP）が還元されて電子運搬体 NADPH を形成する.

　暗反応では，ATP と NADPH からのエネルギーを使い，酵素が触媒する炭素固定と呼ばれる反応サイクル中で大気中の二酸化炭素（CO_2）から有機分子が作られる.

　第3番目の色素再生反応で，明反応の最初にクロロフィルから奪われた電子が補充される．これがなければ，クロロフィルから連続して電子が除去され，電子が欠乏して，電子励起による光子エネルギーの捕捉は不可能になる.

　メモを取りながらのリスニングは，いかがでしたか？

　初めての方にとっては難しかったと思います．メモを取る第一段階はまず「キーワード」を書き取ること．例えばこの文章には「光合成」「葉緑素（クロロフィル）」「光（太陽）」「エネルギー」などの単語が繰り返し出てきます．これをはじめに「ひらがな1文字」や「短い英単語（の一部）」で表すと決めてしまうと，時間をかけずにメモを取ることができます.

　例えば，光合成なら "ひ" や "photo"，葉緑素は "よ" や "chloro"，光（太陽）を ☀ とか "sun"（そのままですね！），エネルギーを "え" や "E" などと表

すのです．

あとは緑色植物を🍃，生命体を♡などと絵を利用したり，化学式（CO_2, H_2O, Mg^{2+}）や略号（ATP）を利用したり……．

「英語」を聞き取るのではなく，英語が伝える「情報」を受け取る，という姿勢でリスニングをしましょう．そうするとメモは英語でも日本語でも，あるいは絵でも全く構わないのです．

最初はまずキーワードをメモることに集中し，それができるようになったら，今度は記号や絵などを駆使して，紙の上に書き留める情報の量を増やしてみましょう．

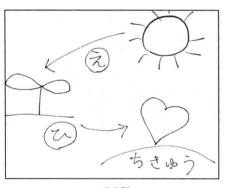

メモの例

先ほどの文章の冒頭部分は，例えば左の図のようなメモにすることもできますね．

地球はすぐに適切なマークが思い浮かばなかったので単語をそのまま書きました．（漢字で書くよりもひらがなの方が時間が短くて済むので，ひらがなを使いました．）

決してこれが理想のメモ，というわけではありませんが，こんな風にメモを取りながら文章を聞くことに慣れていくと，聞き終わった後に，いま聞いた文章の内容をスムーズにまとめることができます．是非繰り返しテキストを聞いて，みなさん独自のメモの取り方を工夫してみてください．

═══════════ Tea Time ═══════════

 ハロー，アイラブ ケミカルイングリッシュ！

リスニングの講では繰り返し，正しい発音を覚えてほしい，そのためにはネイティブの発音を聞いて，その通り声に出して真似をする練習をしてほしい，と書きました．でも，まるでネイティブと間違われるほど美しい発音をする必要はありません．大切なのは「コミュニケーション」．相手の言っていることが聞き取れること，あなたの話すことが相手に通じること，それが命です．考えてみれば，英語はもはやアメリカ人やイギリ

ス人だけのものではないのです.

　文科省が発表した 2005 年のデータによると, 世界で英語を母語とする人の数は 4 億人, 世界人口 70 億の 6% 以下に過ぎません. しかし, 英語を公用語や準公用語として, 日常的に英語を使っているのは, 世界 54 か国, 21 億人, 実に地球上の 3 人に 1 人が英語人口といえるのです. この人たちは英語以外の母国語を持っていて, 英語はコミュニケーションの手段として使っている人たち. ですから, それぞれに固有のアクセント (なまり) があります. 私たち日本人にも日本人独特のアクセントがありますが, それを完全になくそうと頑張りすぎる必要はないと私は考えています. つまり「発音は大切, でもネイティブと同じレベルでなくてもいい」ということ. ただ, 通じなくては意味がありません. では, どこまでが通じる発音なのか, というとそこは難しいのですが, 英語をあたかも日本語のように読まない. というのは最低ラインだと思います. この「英語を日本語のように読む」というのがどういうことか？　それを実感できる大変面白いサイトがあるので, ちょっとご紹介します.

　「oddcast 社の読み上げソフトのデモ版」のサイトです. ▶ http://www.oddcast.com/demos/tts/tts_example.php?clients

　ここで
　・Enter Text：とある左上の欄に「Hello, I love Chemical English.」と入力.
　・上段中央の Language：では最初は English を選択します.
　・上段右の Voice：は一番上の Alan (Australian) を選択し,
　・Say It をクリック.
綺麗なネイティブの発音で「Hello, I love Chemical English.」と読み上げられました.

　次に
　・Language：を Japanese,
　・Voice：を Misaki にしてみましょう.
　「ハロー. アイラブ ケミカルイングリッシュ」と完璧に日本人のカタカナ英語が聞こえてきました.

　極端に言えば, 日本人なまりの英語はこんな風に聞こえるわけです.

　これを改善するための練習としては, 次の 2 つが役に立つでしょう.
　1)　一つ一つの単語を正確に発音する練習
　2)　文の単位で英語らしく話す練習
1 は第 6 講でも説明したように, まずは各単語の正しい発音を知る. それからその発音にできるだけ似せて自分で発音し, それを聞く練習をする. それによって自分の発音を徐々に正しいものに近づけていくこと.

　実際に英語を話し, それが通じるためには, 実はもう 1 つ大事な要素があります. それが 2 の「プロソディー (prosody)」です. プロソディー, つまりイントネーション

（抑揚），ストレス（強勢），リズムなどに気をくばり，文の単位で英語らしく話すこと．一つ一つの発音が完璧でも，全く抑揚をつけずに一本調子でしゃべったら，まるで一昔前のロボットみたいに聞こえるでしょう．あるいはバージョンの古いカーナビ，と言ったらいいでしょうか？　一つ一つの単語の発音以上に，それらをどうつなげて話すのか，ということが大切なのです．

　これは日本語でも言えることです．例えば，あなたが口いっぱいに食べ物を頬張っている時に誰かに話しかけられたとします．「ちょっと待って，いま話せない」と言おうとして，実際に口から出た音が「ウ，ウ，ウ，ウ，ウウ，ウウウウウ」だったとしても，おそらく相手には通じます．これは極端なケースですが，リズムとイントネーションからだけでもある程度は想像がつくのです．

　それでは，プロソディーをマスターするのにどんな練習があるか，ということですが，私がお勧めしたいのはシャドーイング．聞こえてきた英語をほぼ同時に，あるいは少し遅らせて繰り返す練習です．いきなりシャドーイングをするのは最初，難しいかもしれません．その場合はまずリピーティングから始め，徐々に慣れてきたらシャドーイングに進みましょう．

　テキストは見ずに行うのが理想ですが，最初のうち難しければ，テキストを見ながら行ってもいいでしょう．できるだけ耳から入ってくる音に集中し，リズム，イントネーション，など全てを忠実に再現することを心がけるようにしてください．（リピーティングとシャドーイングの具体的な練習方法は第8講に詳しく記載しています．）

第10講　リスニング

インターネットを利用したリスニングの練習

インターネットを利用し，最新の科学のニュースを楽しみながらリスニング力を高めましょう．

● VOA

まず最初にお勧めしたいのは VOA（Voice of America）のサイトです．▶ http://learningenglish.voanews.com/
これは英語の勉強用に作られたサイトで，英語の学習者に役立つさまざまなコンテンツがアップされています．科学一般のトピックに関する記事を美しい写真や映像つきで視聴することができるのは，「Science in the News」というコーナーです．

それでは「Science in the News」を見てみましょう．画面下の Science in the News をクリックして飛ぶこともできます．▶ http://learningenglish.voanews.com/z/1579/
ニュースは画像，日付，タイトルつきで新着順に並んでいます．特定の日のニュースを知りたければ，右上のカレンダーをクリックしましょう．例えば，2016年12月25日に配信されたニュースは「Scientist Looking for Life on Mars」．写真をクリックすると大きなスクリーンが出てきます．右向きの矢印をクリックすると，VOA ニュースのオリジナル映像が音声つきで視聴できます．

さて，英語学習者にとって嬉しいのは，この大きなスクリーンの下に「Science in the News」というオレンジ色の窓が設けられていること．こちらをクリックすると，先ほど聞いた一般向けのニュースが英語学習者用にアレンジされ，やさしいニュースになって，かつプロのアナウンサーが読み上げるゆっくりした音声で聞こえてくるのです．

さらにテキスト全文がその下に掲載されているほか，「Words in This Story」

として単語の説明（例えば catalyze とか RNA molecules など）も載っています．正統的なアメリカンイングリッシュの発音なので，リピーティングで発音練習をするのにも最適です．

　音声をダウンロードすることもできますので，気に入ったニュースがあれば，繰り返し聞いてみましょう．ゆっくりの音声でリスニングの練習をなさりたい方には一押しのサイトです．

● BBC News
　アメリカンイングリッシュではなくブリティッシュの発音でニュースを聞きたい方にはこちらがおすすめ．▶ http://www.bbc.com/news/science_and_environment/

　上部の赤い帯の中に「Science」の項目があるので，そこをクリックすると「Science & Environment」のページに飛びます．右側の Watch/Listen コーナーにはさまざまなトピックのビデオクリップが画像，配信日時，タイトル，分野の表示つきで並んでいます．赤字で「Science & Environment」と記してあるのを選ぶと，科学の内容のニュースクリップを視聴することができます．VOA と違い，ニュースのスクリプトは掲載されていませんが，関連する内容が記事にまとめられていることもあるので，その場合は，記事を読み背景を理解してからニュースを視聴すると，理解が深まるでしょう．

● 60-Second Science
　さて最後にお勧めしたいのは Scientific American が配信しているポッドキャストの「60-Second Science」です．

　学会や論文で発表されたばかりの最新の研究成果を 1 分程度にまとめたポッドキャストです．内容の点からもスピードの点からもこれまでご紹介した中では一番手強い教材だと思います．まず読み上げるスピードが速いです．それが利点でもあります．というのは

1) 実際に学会などではこのくらいのスピードで講演する人も多いので，そういう場合に備えることができる，
2) 速いスピードのリスニングを行うことで耳が鍛えられ，普通のスピードのテキストがゆっくり，はっきり聞き取れるようになる，

という2つのメリットがあるからです．

　人間は不思議なもので，最初はスピードの速さにたじろいでいても，続けて聞いているうちにだんだんと耳がその速度に慣れていきます．さらに，黙って聞くだけでなく，自ら速いスピードでテキストを読む練習を繰り返すと，一層聞き取りが楽になっていくのです．

● 60-Second Science を利用した練習

　では最後に「60-Second Science」を利用したリスニングの練習をやってみましょう．

　それではまず，次のリンク先のポッドキャストを一度聞いてみてください．▶ https://www.scientificamerican.com/podcast/episode/clothing-that-can-record-or-produce-10-07-15/

　ナレーターは Cynthia Graber．「Clothing That Can Record or Produce Sound」というタイトルのこのポッドキャストは「Nature Materials」誌に2010年7月11日にオンラインで掲載された論文「Multimaterial piezoelectric fibres」（Shunji Egusa et al.）に基づくものです．（この論文のアブストラクトは「Nature Materials」のウェブサイトで読むことができます．▶ http://www.nature.com/nmat/journal/v9/n8/abs/nmat2792.html）

　では，まず理解度テストから始めましょう．下記の問いに答えてください．音声は何度聞いても構いません．できればメモを取りながら聞いてください．（メモの取り方については第9講を参照．）

Q. 1　この研究を行ったのはどこの研究者たち？
　▶［MIT（マサチューセッツ工科大学）/ ハーバード大学 / NASA（アメリカ航空宇宙局）］
Q. 2　次の元素の中で本文に登場したものはどれ？
　▶［水素 / フッ素 / 塩素 / 酸素 / ハロゲン］
Q. 3　この繊維はどのような用途に使える？
　▶［マイクロフォン / スピーカー / 血圧モニター / マッサージ機器 / ヒーター］

A.1 MIT
A.2 水素, フッ素
A.3 マイクロフォン, スピーカー, 血圧モニター

最初のうちは全てが聞き取れなくても大丈夫. 大体の流れをつかむことを目指して何回か繰り返して聞いてみてください.

> 要約）MIT の研究者が開発したプラスチック分子は片側にフッ素原子，反対側に水素原子が並ぶ非対称の分子構造により圧電性を示す．電流により振動するプラスチック繊維はマイクやスピーカーとして働く．この繊維で作られた服は，体を流れる血液の音を感知し，血圧のモニターにもなるだろう．

次のステップは単語の確認です．これも黙読するのではなく，英語の単語に続けて日本語訳も声に出して音読することで，英語を聞いた時の「反射力」が高まります．「反射力」というのは，英語を聞いた瞬間，そのイメージが頭に浮かぶこと．

例えば「dog」と聞こえた時に頭の中で「dog？ dogってなんだっけ？ ああ，犬ね！」と日本語に変換するのに時間がかかっていると，その間に英語はどんどん先に進んでしまい，話の筋がわからなくなってしまいます．

要は「dog」と聞いた瞬間「犬」にまつわるイメージが頭に浮かべばいいのです．dog, 犬, と続けて声に出すエクササイズはこの「反射」を高めるためのも

聞いた瞬間にイメージが浮かぶ

のです.

それでは早速単語の音読をやってみましょう. 英単語の正確な発音が不明な場合はポッドキャストの音声を参考にしてください.

単語リスト

yesterday 時代遅れの／ pick up a sound 音を拾う／ beep ビーっと鳴る／ fiber 繊維／ eventually ついには／ plastic プラスチック／ microphone マイクロホン／ particular 特定の／ molecular structure 分子構造／ lopsided 不均衡な／ arrangement 配列／ fluorine atom フッ素原子／ hydrogen atom 水素原子／ asymmetry 非対称／ piezoelectric 圧電（性）の／ electric field 電場／ encounter 出会う／ electric current 電流／ vibrate 振動する／ speaker スピーカー／ vibration 振動／ amplify 増幅する／ clothing 衣類／ capture 捕まえる／ monitor モニターする／ detect 検出する／ imperceptible 感知できない／ blood flow 血流／ 24-hour blood-pressure monitor 24 時間血圧モニター

さて, Full Transcript とあるのをクリックすると, ポッドキャストの全文が現れます. 今度はテキストを見ながら, 音声を聞き, 目で追ってみましょう. この段階で意味の曖昧な箇所があれば, じっくりテキストを読み, 内容を正確に理解します.

さて, シンシアが読み上げるのと同じスピードでテキストを目で追えるようになりましたか?

次のステップはリピーティングです. 文の区切りごとに音声を止めながら, いま聞いた英語を繰り返しましょう. 最初はテキストを見ながら, 慣れてきたらテキストは見ずに英語を繰り返します.

最後はシャドーイングに挑戦. 音声を止めずに, 聞こえた英語を少し遅れて繰り返します. 発音, イントネーションなどに注意してできるだけ忠実に真似るようにしてください.

以上,
1) 単語の音読,
2) テキストを目で追う,
3) リピーティング,
4) シャドーイング,

と盛りだくさんのように見えるかもしれませんが，全部でたった1分のポッドキャストなので，30分ほどで十分練習ができます．30分以上かけても，むしろ集中力が切れてしまうので逆効果．1～4までを全部やってもいいし，1と2だけでも，2と3だけでも結構です．今の自分のレベルに合わせて，練習をしてみてください．

●ポッドキャストのご紹介

ブログ「Scientific English」でも「60-Second Science」をはじめ，これまでに「Scientific American」が配信しているビデオを簡単にご紹介していますが，今後も面白いポッドキャストはブログで取り上げていく予定です．

- 帝王切開と細菌 ▶ http://scientificeng.blogspot.fr/2010/06/blog-post_23.html

- リスニング上達の方法（その2：最初のステップ）より「月の水」 ▶ http://scientificeng.blogspot.fr/2011/04/blog-post_21.html

- リスニングの練習（その1）から「ある昆虫についての研究」▶ http://scientificeng.blogspot.fr/2011/07/blog-post.html

- 渡り鳥はV字のフォーメーションで…… ▶ http://scientificeng.blogspot.jp/2014/01/scientific-americanv.html

- グラフェンについて ▶ http://scientificeng.blogspot.fr/2014/01/blog-post_24.html

- チョコレートについて ▶ http://scientificeng.blogspot.fr/2014/02/why-do-we-love-chocolate.html

- BMIより筋肉量 ▶ http://scientificeng.blogspot.fr/2014/03/bmi.html

- 小児の誤飲を防ぐ工夫 ▶ http://scientificeng.blogspot.fr/2014/11/60-second-sciencebutton-battery-coating.html

- 街をきれいにする虫 ▶ http://scientificeng.blogspot.fr/2014/12/blog-post.html

第11講　リスニング

リスニングの力をつけるために重要な3つのこと

●ポイント1　聞こえてきた音すべてを聞き取る必要はないということ

　リスニングが苦手な人の共通点は「すべての言葉を聞き取ろうとする」ことではないでしょうか．それがなぜいけないか，というと，聞き取れない言葉が出てきた瞬間，「あ，聞き取れなかった」と，集中力が切れてしまい，そのあとに続くもっと大切な言葉（情報）が聞こえなくなってしまうからです．大事なのはキーワード．実はキーワードだけ聞き取れていれば大筋は理解できるのです．

　もともと前置詞や冠詞などは弱く速く発音され，時には後ろの単語にくっついて発音されて聞き取りにくくなることが多いですが，これらはキーワードにはなりません．キーワードはゆっくり，強く，はっきりと発音されるので，聞き取りやすいのです．非常にゆっくりと文章を読むときには，テキストに書かれているすべての言葉がきちんと発音されますが，通常（あるいは少し速め）の速度では，情報量の少ない言葉は弱く，速く発音され，重要な単語（キーワード）が強く，はっきりと発音されます．例えば次の文章で，はっきりと強く発音されるのは太字斜体の単語，やや強く発音されるのが斜体の単語です．

Yesterday I got to *school* very **late**.　**Just** before my *bus* arrived, I **realized** that I had *left* my **purse** on my **desk** at *home*, and I **went back** to *pick it up*.

（最後の「pick it up」はつながって1単語のように発音されます．）一般に冠詞や前置詞などは，それが特に重要な意味を持たないときには，弱く速く読まれますが，たとえそれらが聞き取れなくても，文章の持つ情報を受け取るには困りません．上記の文章でいえば，キーワードは「yesterday」「school」「late」「just」「bus」「realized」「left」「purse」「desk」「home」「went back」「pick it up」となり，これだけ聞き取れていれば文章の内容はおおむね理解できるのです．

　単語が聞き取れなかった！と，注意をそらされることなく，ゆっくり，強く，

はっきりと発音されているキーワードをまずは聞き取ることに気持ちを集中してみてください．そして，何度聞いても聞き取れない単語があったら，テキストを読み，聞き取れなかった理由を確認しましょう．未知の単語だからなのか，正しい発音を知らなかったからなのか，その単語が前後の単語とくっついて発音されることにより発音が変化していたからなのか．「知っている単語」をすべて「聞き取れる単語」にしていきましょう．

●ポイント2　リピーティング／シャドーイングを活用すること

　リピーティングとシャドーイングについては，すでに第8講で説明し，第10講の 60-Second Science の練習のところでも取り上げましたが，ここでもう一度まとめておきます．

1) テキストの音声を聞く．聞き取れないところがあれば，何回か繰り返し聴いてみる．

2) テキストを通読し，知らない単語の発音と意味をチェックする．

3) テキストの文字を目で追いながら，音声を聞く．目で読む速度は，聞こえてくる音声と同じ速度を保つ．もし，置いてきぼりにされてしまったら，途中で仕切り直して，諦めずに最後までテキストを追いかけることが重要．どうしてもテキストを追いかけて読むのが難しければ，ここで一度じっくりテキストの内容を確認する作業を入れる．

4) 音声を1文単位で聞き（1文が長すぎれば適宜区切る），音声をいったん止めて，いま聞いた部分を繰り返して発音する．これがリピーティング．さらに

5) 音声を聞きながら（音声は切らずに流し続け），ほとんど同時か少し遅れて音声と同じような発音，イントネーションを意識しながら，テキストを音読する．聞こえた通りに発音することを心がける，これがシャドーイング．

6) 最後にもう一度テキストの音声を聞き，情報（話の流れ）を確認する．テキストはみなさんのいまのレベルに合わせて VOA でも 60-Second Science でも好きなものを選んでください．30分集中してトレーニングし，トレーニングの前と後で英語が少しでも「ゆっくり」「はっきり」聞こえてきたら効果があったと言えます．

1) 最初は，一つ一つの単語がはっきり聞き取れるレベルを，

2) 次は，いくつかのフレーズがはっきり聞き取れるレベルをめざしましょう．

3) 最後に，話の流れがすっと頭に入ってくるようになると，素晴らしいですね．

●ポイント3　メモを活用すること

　気晴らしで見るビデオや短時間のリスニングではメモを取る必要性はあまり感じないかもしれません．が，例えば，学会で英語の発表を聞いたり，海外からの研究者の講演会に参加するなど，長時間にわたる英語の講演を聞く時や，情報を得るためのリスニングでは，メモは大変強力なツールです．メモについては第9講にも書きましたが，ここでもう一度まとめておきます．

1) キーワードを書き留める．キーワードとは皆さんが重要だと思った単語や興味を惹かれた用語などのことです．そのほか，固有名詞，数字も重要です．繰り返し出てくるキーワードは自分なりの省略法で短く書く工夫をしましょう．

2) 話の流れを書き留める．単語のレベルではなく，文のレベルでメモを取る時には，全て文字で書くと時間がかかりすぎるので，受け取った情報を視覚化し（イメージに変換し）それを記号やイラストを使って表現しましょう．

その際化学反応式を利用するのも良いアイディア．例えば，「水酸化ナトリウム溶液と塩酸を 25℃ で反応させて，塩化ナトリウムを析出させた.」という内容をすべて文字で表現すると時間がかかりますが，

$$\text{NaOH}_{(aq)} + \text{HCl} \xrightarrow{25℃} \text{NaCl}_{(s)} \downarrow$$

とすれば，短時間に書き留められますね．

　ちなみにここで aq は aqueous solution（水溶液）の略，s は solid（固体）の略．右向き矢印は反応するという意味，下向き矢印は沈澱（析出する）という意味で，化学の世界では共通に用いられているサインです．

　長文の英文を読むときに，キーワードに下線を引くことをお勧めしましたが，長い講演を聞くときには是非メモを活用してみてください．

第12講 文法

英語の文の構造（1）：第一文型と第二文型

　化学英語の特徴は明瞭（Clear）で正確（Correct）そして簡潔（Concise）なこと．誰が読んでもわかりやすいことが求められ，誤解を招きやすいような持って回った言い方や凝った表現は嫌われます．同じ内容を正しく伝えることができるなら語数は少ないほどいいのです．そんな化学英語は英文学作品や英字新聞よりむしろ読みやすく，わかりやすいのですが，1文に1概念というルール【note 1】があるため，文が長くなる傾向があります．

　長い文章を正確に読み解くためには文の構造を理解しておくことが重要です．

●第一文型：S＋V

　英語の構文で一番簡単なのは主語（S）と述語（V）からなるもの（第一文型）です．これに名詞を修飾する形容詞や動詞を修飾する副詞が加わることもありますが，修飾語は枝葉のようなものなので，カッコに括ってしまえば，残るのは主語と述語の2つです．

　第一文型の動詞（V）は自動詞，つまり目的語を取らずこれだけで動作が完結する完全自動詞です．

　それでは第一文型の例文を見ていきましょう．（各英文の和訳は講の最後にまとめて掲載しています．）

S. 1　Lead melts at a temperature of 328℃.

主語は lead（鉛），述語は melts（「融ける」という意味の自動詞 melt の三人称単数現在形）【note 2】，at 以下は melts を修飾している副詞句です【note 3】．

　ここでは lead の発音にも注意してください．「リード」ではなく「レッド」と読みます．

S. 2　A neutralization reaction occurs.

主語は a neutralization reaction（中和反応），述語は occurs（「起こる」という

意味の自動詞 occur の三人称単数現在形）です．S.1 の lead には冠詞が付いていませんでしたが，この reaction という名詞には不定冠詞「a」が付いていることにも注目してください．冠詞については第 14 講の文法で詳しく説明します．

　ちなみに reaction の動詞形 react（反応する）も化学分野でとてもよく使われる自動詞です．次の例文をご覧ください．

S.3　　An acid reacts with a base to form a salt.

主語は an acid（酸），述語が reacts（「反応する」という意味の自動詞 react の三人称単数現在形）です．ここで with a base（塩基と）と to form a salt（塩を形成する）はそれぞれ react（反応する）にかかる副詞句です．

●第二文型：S＋V＋C

　主語（S）と述語（V）に補語（C）が加わったこの文型で使われる動詞は「～である」「～になる」，という意味を持つ不完全自動詞で be, seem, appear などがあります．

S.4　　The shape of crystals is important.

主語は the shape of crystals（結晶の形），動詞が be 動詞の is，補語は important という形容詞です．be 動詞を使うと，～である，と断定することになりますが，しばしば断定することができない（あるいは断定することが難しい）場合が生じます．そのような時に断定的に述べるのを避けるため，be 動詞の代わりによく用いられるのが seem や appear です．seem も appear も「～のように思われる」「～のように見える」，という場合に使われますが，強いて違いを挙げると seem には思考した結果（頭からの情報）「～のように思われる」，appear には目で見た結果（視覚情報）「～のように見える」，というニュアンスの差があります．

S.5　　It seems useless to do it again.

主語の it はここでは形式主語で to do it again（再度行うこと）を指します．主語に repetition（繰り返し）という名詞を持ってきて，この文を

S.5′　　Its repetition seems useless.

と書き換えることもできます．It ～ to ～という構文を使わずに，to 以下（ここでは to do it again）を名詞 2 語（its repetition）に変えて主語にする書き方は，文章が短くなるので好ましい一方，わかりにくくなる恐れもあるので，場合に応じて使い分けてください．

68　　　第 12 講　英語の文の構造 (1)：第一文型と第二文型

S. 6　　The disproportionation reaction appears unlikely to occur.

主語は the disproportionation reaction（不均化反応），述語は appears（動詞 appear の三人称単数現在形），補語が unlikely to occur（起こりそうもない）です．

推量を表すには他にも must や can，may などの助動詞を使う方法，上記の unlikely や likely，possibly などの副詞を使う方法がありますが，それについては第 15 講で解説します．

本講中の例文の和訳を下記にまとめました．和文をヒントに，元の英文を思い出してみましょう．

S. 1　　鉛は 328℃ で融ける．

S. 2　　中和反応が起こる．

S. 3　　酸は塩基と反応し塩を生じる．

S. 4　　結晶の形は重要である．

S. 5　　再度行うのは無駄だと思われる．

S. 6　　不均化反応は起こりそうもないように思われる．

【note 1】1 文に 1 概念というルールについて．

　1 つのまとまった内容は 1 文にまとめるということ．例えば，化学の論文に欠かせない物質の合成（preparation）の項で，化合物 D の合成は下記のように記載できます．（長いけれど 1 文です．）

　Three grams of reagent C, dissolved in 25 cc of distilled water was added dropwise to five grams of compound A in 10 cc of solvent B, and the resulting reaction mixture was allowed to stand overnight to yield four grams of the objective compound D.

上記の英語を日本語に訳してみると，和文もやはり 1 文になります．

　25 cc の蒸留水に溶かした 3 g の試薬 C を，10 cc の溶媒 B に入れた 5 g の化合物 A に滴下し，得られた反応混合物を一晩放置して，4 g の目的化合物 D を得た．

もちろん，同じ内容を下記のように 5 文で表現することも可能です．

・3 g の試薬 C を 25 cc の蒸留水に溶かした．

・5 g の化合物 A を，10 cc の溶媒 B に加えた．

・溶媒 B 中の化合物 A に，試薬 C の水溶液を滴下した．

- 反応混合物を一晩放置した.
- 目的化合物 D が 4 g 得られた.

比較してみてください．いかがでしょうか？ 1 文にまとめた方が，簡潔で明瞭，スッキリしていませんか？ 目的化合物 D を合成するという 1 つの内容は 1 文で書く．1 文に 1 概念．それが化学英語の基本です．

【note 2】固体に熱が加わり液体に変化するときには，「融ける」(melt) を使います．一方固体に液体が加えられることによって溶ける（例えば砂糖が水に溶ける）場合には「溶ける」(dissolve) を使います．

【note 3】温度「temperature」に「a」がついていることの説明は第 16 講に，前置詞「at」の説明は第 18 講に掲載しています．

================ Tea Time ================

動詞 remain が付け加えるニュアンス

第二文型で be 動詞の代わりに remain などの動詞を用いると，「これまでもそうであったが，今も引き続きそうである」，というニュアンスが加わります．

S. 7　The development of efficient sensors for the detection of volatile organic compounds remains a significant scientific endeavor.
揮発性有機化合物を効率良く検知するセンサーの開発は引き続き重要な科学的試みとなっている．

主語は the development of efficient sensors for the detection of volatile organic compounds（揮発性有機化合物の検知のための効率の良いセンサーの開発），述語は remains（「引き続き～のままである」という意味の自動詞 remain の三人称単数現在形），補語が a significant scientific endeavor（重要な科学的試み）です．

ここで remains の代わりに is と be 動詞を用いると「現時点での事実」のみを表すことになり，過去においてもそうであったが，引き続き現在もそうである，というニュアンスが失われてしまいます．もちろん remain の代わりに continue（継続する）という動詞を使っても「引き続き現在もそうである」と明示的に述べることができます．

S. 7′　The development of efficient sensors for the detection of volatile organic compounds continues to be a significant scientific endeavor.

第 13 講 文法

英語の文の構造 (2)：第三文型，第四文型，第五文型

第 12 講で「An acid reacts with a base to form a salt.」という文を学びました．これは，S + V の第一文型で，reacts（react）は「自動詞」です．ところで，react は「反応させる」という意味の「他動詞」でも使われます．その場合，人が主語（S）になり，物質は目的語（O）になります．他動詞を使う構文は第三文型です．

●第三文型：S + V + O

<u>S. 8</u>　We reacted equal moles of CO and Cl_2 at 100℃.

主語は we（私たち），述語が reacted（他動詞 react の過去形），目的語が equal moles of CO and Cl_2（等モルの一酸化炭素と塩素ガス），at 以下は副詞句です．

ここで質問です．この英文の日本語訳としては次のどちらが自然でしょうか？

1)　私たちは等モルの一酸化炭素と塩素ガスを 100℃ で反応させた．

2)　等モルの一酸化炭素と塩素ガスを 100℃ で反応させた．

1 は英文を正確に訳していますが，2 の表現の方がより自然です．それは「私たちは」という重要ではない要素を省いているからです【note 1】．

化学英語の特徴は明瞭（Clear）で正確（Correct），簡潔（Concise）なことです．省略しても構わない情報は極力削ることで，簡潔な読みやすい文章が生まれます．ところで，英語の文には「必ず」主語と述語がなければならないので，英文から「we」を省くことはできません．そこで登場するのが物質を主語にした受け身文です．

それでは，上記の例文を受け身に書き換えてみましょう．

1)　元の文の目的語「equal moles of CO and Cl_2」を主語にし，

2)　元の文の動詞の過去分詞形を作り，「be + 過去分詞」を述語とし，

3)　元の文の主語を目的格（つまり we なら us）にし，「by + us」として付け

加え，そのほかの副詞はそのまま移行します．

ここで「Equal moles of CO and Cl$_2$ were reacted by us at 100℃.」という文から「by us」を省略すると，

S. 9　Equal moles of CO and Cl$_2$ were reacted at 100℃.

内容が客観的に表現され，語数も減ってすっきりしました．このため論文などでは「物質を主語にした受け身の表現」が多用されているのです【note 2】．

　この他，化学英語でよく登場するのが，第三文型（S + V + O）の目的語が名詞節の場合です．述語には suggest（示唆する），show（示す），indicate（示す，表示する），demonstrate（示す，明らかにする），conclude（結論づける）など数多くの他動詞が用いられます．

S. 10　The foregoing discussion suggests that the reaction between chlorine
　　　　and alkene such as propylene would be complex.

主語は the foregoing discussion（先の考察），述語は suggests（他動詞 suggest の三人称単数現在形），目的語は that 以下の名詞節，would は「〜であろう」という推量を示す助動詞です．（推量を示す助動詞については第 15 講で解説します．）

●第四文型：S + V + O + O

　述語（V）が直接目的語（O）と間接目的語（O）の 2 つを取る他動詞である，二重目的語の構文です．この文型で使われる動詞には give, show, offer, make, get, find, ask などがあります．

S. 11　Modern chemistry has given man new plastics, fuels, metals, alloys,
　　　　fertilizers, building materials, drugs, energy sources, etc.

主語は modern chemistry（現代化学），述語は has given，間接目的語が man（人類），直接目的語が new plastics, fuels, metals, alloys, fertilizers, building materials, drugs, energy sources, etc.（新しいプラスチックや燃料，金属，合金，肥料，建築材料，薬品，エネルギー源など）です．

●第五文型：S + V + O + C

　述語（V）が目的語（O）と目的格補語（C）の 2 つを取る他動詞の構文です．この文型で使われる動詞は make, call, keep, leave, find などがあります．

S. 12 The rapid increase in the number of known organic compounds during the nineteenth century made the problem of keeping up with knowledge about them more and more formidable.

主語は the rapid increase in the number of known organic compounds during the nineteenth century（19 世紀における既知の有機化合物の数の急速な増加），述語は made（「～を～にする」という意味の二重目的語を取る他動詞 make の過去形），目的語が the problem of keeping up with knowledge about them（これらに関する知識を常に最新に維持する（という問題）），目的格補語が more and more formidable（ますます困難に）です.

●長い文では動詞にまず注目

最後に長い文を読み解くときの手順を解説します.

化学英語では 1 概念を 1 文にまとめるため，1 文が長くなる傾向があります. 長い文に戸惑った時は，まず動詞に注目しましょう. S. 12 の例で言えば，動詞は「made」なので，その前までが主語とわかります. それに続く「the problem of keeping up with knowledge about them more and more formidable」は「the problem of keeping up with knowledge about them」（of 以下が the problem を修飾しているので，ここまでがひとかたまり）という目的語（名詞句）と「more and more formidable」という目的格補語（形容詞句）に分けることができます.

●5文型のまとめ

それでは，簡単にここまでをまとめてみましょう.

英語の文は基本的に第一文型～第五文型に分けることができます.

・自動詞を含むのが第一文型（S + V）と第二文型（S + V + C）

・他動詞を含むのが第三文型（S + V + O），第四文型（S + V + O + O），第五文型（S + V + O + C）

いずれにしても注目するのはまず「動詞」. 動詞の前までが主語（S），動詞の後に目的語（名詞）または補語（形容詞）が来る，と文の中を区切って考えると，複雑に見える長い文も正確に読み解くことができるはずです.

日本語訳を見て元の英文を思い出してみましょう.

S. 8　等モルの一酸化炭素と塩素ガスを100℃で反応させた．
S. 9　等モルの一酸化炭素と塩素ガスを100℃で反応させた．（英文は受動態）
S. 10　先の考察から，塩素とプロピレンなどのアルケン間の反応が複雑なものになるであろうということが示唆される．
S. 11　現代化学により人類は新しいプラスチックや燃料，金属，合金，肥料，建築材料，薬品，エネルギー源などを得てきた．
S. 12　19世紀になると既知の有機化合物の数が急速に増加し，これらに関する知識を常に最新に維持するのが，ますます困難になった．

【note 1】「私たちは」という重要ではない要素を省くことについて．
　ここでは「私たち」という語に情報としては重要な意味がない場合について解説しています．もちろん「私たちは」という言葉が重要な意味を持つ場合もあり，例えば，「他のグループ」は「一酸化炭素と塩素ガスを200℃で反応させた」が，「私たち」は「一酸化炭素と塩素ガスを100℃で反応させた」などと比較する場合がそれに当たり，その場合「私たち」を省略することはできません．
【note 2】論文など書き言葉では受動表現が多用される一方で，口頭発表など話し言葉では一般的に能動表現の方が好まれる傾向があります．この例で言うと，口頭発表では「We reacted equal moles of CO and Cl$_2$ at 100℃」とする方が，わかりやすい上にインパクトも強いので，好ましいといえるのです．

Tea Time

［重要］自動詞から受け身は作れない

　「化学英語では受け身の表現が多用される」ということに慣れてきた方にとっての思いがけない落とし穴が，自動詞を受け身にしてしまうパターンです．
　よくある間違いは「中和反応が起こった」と書こうとして「A neutralization reaction was occurred.」と受け身で書いてしまうこと．目的語を取らない自動詞（occur）からは，受け身は作れない，ということを心に刻んでおいてください．「中和反応が起こった」は「A neutralization reaction occurred.」でいいのです．

第14講 文法

冠詞の話：a と the の違い

　日本人の私たちにとって冠詞って本当にむずかしい．どこで「the」を使い，どこで「a」を使えばいいのか？　考えれば考えるほど混乱してしまいます．

　例えば，日本語の「あ，ここにリンゴがある」は英語だとどのように言えばいいのでしょう？　「Oh, here is an apple」でしょうか，「Oh, here is the apple」でしょうか，「Oh, here are apples」でしょうか，それとも「Oh, here are the apples」というのでしょうか？

　日本語では簡単に「リンゴ」と言えるのですが，英語では単数なのか複数なのか，不定冠詞がつくのか定冠詞がつくのかを必ず明らかにしなくてはなりません．英語の冠詞が私たち日本人にわかりにくいのは，日本語には冠詞に相当するものがないからだとも言えるでしょう．

● **冠詞のはたらき**

　冠詞は名詞の前に置かれ，その名詞に関する情報を与えます．不定冠詞「a」（母音の前では an）【note 1】には「ある1つの」という意味があります．その後に来る名詞（正確に言えばリンゴ，机，窓，椅子，コップなど数えられる名詞）がたった1つだけの特別な存在ではなく，いくつも似たようなものがある中のうちの1つに過ぎない，ということをこの「a」は示しているのです．

　一方，定冠詞「the」には「その」とか「あの」といった意味があります．その後に来る名詞（これには，リンゴや机などの数えられる名詞だけではなく，水やミルク，空気など数えられない名詞も含まれます）が特定されているときに，語り手と聞き手の双方が「ああ，あれね！」と思い浮かべることのできる「共通のイメージ」に対して使われるのです．

　さきほどのリンゴの話に戻りましょう．英語で「Oh, here is an apple」と言うとき，「an」が付いているリンゴは何も特別な意味を持たない普通のリンゴです．

日本語に訳せば「あ，ここにリンゴがある」となるでしょう．

　一方「Oh, here is the apple」の場合，「the」が付いているリンゴは語り手と聞き手の両方が「あの」リンゴとイメージできる特別な存在になり，日本語訳としては「あ，ここにあのリンゴがある」となります．むしろ「あのリンゴはここにあった」の方がもっと自然な日本語かもしれません．

　では，ここでクイズに答えてください．次の場面であなたが言う英語のセリフで，冠詞は何を使いますか？

1) 森の中を歩いているとリンゴが1つ落ちていた．それを拾い上げたあなたが言う「リンゴ」は？

2) 市場で買ってきたリンゴをあなたが冷蔵庫にしまおうとすると，リンゴが1つコロコロと部屋の隅へ転がっていった．ソファーの陰になっているのを見つけて，あなたが言う「リンゴ」は？

　1では「Oh, here is an apple.」と不定冠詞の「an」を，2では「Oh, here is the apple.」と定冠詞の「the」を使うのですね．

　1では，あなたはその時初めてそのリンゴと出会ったわけで，そのリンゴにまつわる特別な情報（事情）はまだ何もありません．ある場面に「初めて登場する」名詞（初出の名詞）には基本的に不定冠詞が付くのです【note 2】．しかし翌日になって，そのリンゴについて語るとき，「昨日森の中で見つけたあの（この）リンゴ」は，世界にたった1つしかない「特定された」存在になります．そこでこの場合は，「the apple I found in the woods yesterday」と定冠詞の「the」が付くのです．

　もう1つ「the」が用いられる場合としてあげておかなくてはならないのは，「前置詞の「of」で限定」されている場合です．例えば液体が沸騰し始める時の温度を「沸点」といいますが，エチルアルコールの沸点なら78℃，アセトンなら56℃，ジメチルスルホキシドなら189℃と世の中にはたくさんの沸点が存在します．ですから単に「沸点」という場合「a boiling point」になります．でも「水の沸点」と「の」（英語では「of」）で限定されると，水の沸点は100℃と1つしかないため「the boiling point of water」になるのです．同様に「分子構造」は「a molecular structure」ですが「化合物 A の分子構造」となると「the molecular structure of Compound A」となります．

●冠詞の使い方で迷ったら

不定冠詞と定冠詞の基本的な違いはこれだけです．

最後に，不定冠詞を使えばいいのか，定冠詞を使えばいいのか，あるいは冠詞はいらないのか，判断に迷った時に役に立つ，スキームをご紹介します．以下の図に示すように，6つのステップで簡単に判断することができます．図中「×」は無冠詞を表します．

ステップ1　その名詞は大文字で始まりますか？

　　　　Yes　⟶　ステップ2
　　　　No　　⟶　ステップ3

さて，最初に判断するのは，その名詞の最初の1文字が大文字かどうかです．大文字で始まる名詞は固有名詞．小文字で始まる名詞は普通名詞です．

ステップ2　それは装置の名前（固有名詞）ですか？

　　　　Yes　⟶　a (an)

化学英語の世界に登場する固有名詞には研究者名などの人名や測定装置の名前などがありますが，ここで気をつける必要があるのは装置名．測定や反応に用いる装置の名前であれば不定冠詞の「a / an」がつきます．これは化学英語特有の例外【note 3】です．例えば市販されている紫外可視近赤外分光光度計である「UV-

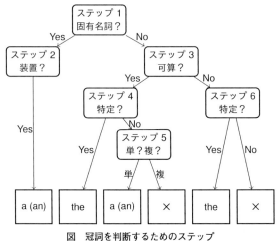

図　冠詞を判断するためのステップ

3600 Plus」という装置について論文に記載するときには「a UV-3600 Plus」のように不定冠詞の「a」がつきます.

ステップ3 それは数えられますか?

    Yes ⟶ ステップ4

    No ⟶ ステップ6

普通名詞(例えば,アルカリ,水,温度,ビーカー,本,実験台など)はさらに数え上げることができるかどうかを判断します.1つ,2つと数えられる名詞は可算名詞で,上の例で言えば「ビーカー,本,実験台」です.これらの名詞は次にステップ4に進みます.

 数えられない名詞,上の例の中でいえば「アルカリ,水,温度」はそれぞれ物質名詞,抽象名詞と言われる名詞で不可算名詞【note 4】です.こちらはステップ6に進みます.

ステップ4 それは特定されていますか?

    Yes ⟶ the

    No ⟶ ステップ5

可算名詞は,特定されていれば定冠詞の「the」がつきます.単数でも複数でも同様です.特定されていないものはステップ5に進みます.

ステップ5 それは単数ですか? 複数ですか?

    単数 ⟶ a(an)

    複数 ⟶ ×

特定されていない可算名詞の場合,単数なら「a / an」がつきますが,複数なら無冠詞です.

ステップ6 それは特定されていますか?

    Yes ⟶ the

    No ⟶ ×

ステップ3で数えられないと判断された不可算名詞(物質名詞,抽象名詞)について,さらにそれが特定されているかどうかを判断します.特定されていれば定冠詞「the」がつきますが,特定されていなければ無冠詞となります.

【note 1】不定冠詞「a」が母音の前では「an」になるということ.
 より正確に表現すると,「母音」というのは発音(つまり「a, i, u, e, o」の音)の

ことで，アルファベットの母音字のことではありません．単語がアルファベットの A，E，I，O，U で始まっていても発音が母音でなければ「a」になりますし，子音字の M や X で始まる単語でも発音が母音であれば「an」になるのです．

具体的に例を挙げると，汎用触媒「universal catalyst」の「u」は「ユ」と発音するので「a universal catalyst」，分光光度計 UV-3600 Plus の場合も「a UV-3600 Plus」となるわけです．一方，X 線吸収スペクトルは子音字「X」から始まる単語ですが，「X」は「エ」と発音するため，「an X-ray absorption spectrum」となります．

【note 2】初出の単語に「the」がつく場合．

初出の単語には不定冠詞がつくというのが原則ですが，ここにも実は落とし穴があります．いきなり「the」のついた物質が登場することもあるのです．それは「化学英語では同じ頁やパラグラフ中での同一単語の繰り返しを避ける」という隠れたルールがあるためです．（実を言うと，言い換えは化学英語に限らず一般の読み物や新聞記事などでもしばしば行われています．）例えばある論文中で錯体のリガンドとしてテトラメチルエチレンジアミンを使用しているとします．論文中ではもちろん「テトラメチルエチレンジアミン」という表記をまず使いますが，それだけを繰り返すのを避け「この（the）ジアミン」「この（the）アミン」「この（the）リガンド」などとさまざまに言い換えていきます．「the」を使うことで，読者にはそれが「別のあるアミン」ではなくテトラメチルエチレンジアミンのことだとわかるわけです．ですから，いきなり「the amine」と出てきても，びっくりしないでください．それはその前に出てきている「アミン」（すなわちテトラメチルエチレンジアミン）を指しているわけです．「同一頁やパラグラフ中で同じ単語を何度も繰り返さない」という隠れたルール．心の片隅に留めておいて，将来論文を書くときに，是非役立てて頂きたいと思います．

【note 3】装置の名前には不定冠詞の「a」がつくこと．

ガスクロマトグラフ質量分析計（GCMS-QP2010 SE）を使って計測を行った場合の記載は例えば下記のようになります．

S. 13　Gas chromatographic-mass spectrometric（GC-MS）analyses were carried out on a GCMS-QP2010 SE.

（ガスクロマトグラフ質量分析は GCMS-QP2010 SE を用いて行った．）

装置には「the」を用いると思いがちですが，世界でただ 1 つしかない「当研究室が開発した装置」のような場合を除き，通常市販されている装置は世界中に何台も存在するわけですから，不定冠詞を用いるのが普通です．もちろん「その」装置についてさらに論文で言及される場合，2 回目以降では「the」が用いられます．

【note 4】「アルカリ，水，温度」はそれぞれ物質名詞，抽象名詞といわれる名詞で数えることのできない不可算名詞であること．

実はここにも化学英語特有の例外があります．物質名詞，抽象名詞が可算名詞に変化

することがあるのです．それについては第16講で詳しく解説します．

━━━━━━━━━━━━━━━ Tea Time ━━━━━━━━━━━━━━━

 "I am the researcher." と名乗るとき

「あなたの職業は？」と聞かれたとき，研究者だったら「I am a researcher.」と答えると思います．

では「I am the researcher.」と「the」を使ったら，一体どんなニュアンスになるのでしょうか？

これはある日本人の先生からうかがった実話です．

その先生（仮にA先生としましょう）が若いころ外国で学会に参加されたとき，最寄りの駅から学会会場まで，別の先生方お二人と相乗りの車で行くことになりました．外国の先生方はすでに顔なじみだったらしく後部座席へ，A先生は助手席に乗り込み車が出発．

すると，後ろのお二人は何とA先生が最近発表した論文の話を始めたのです．ひとしきり面白い研究結果だね，というような話で盛り上がった後，著者の話になり，

「この著者を知っている？」

「いや，知らない，まだ若い人みたいだね．」

A先生もう黙っていられず，後ろを振り返り「I am the researcher.」とおっしゃったとか．

いえ，礼儀正しいA先生のことですから，きちんと車を降りてから丁寧にご挨拶なさったことと思うのですが，「I am the researcher.」（私がその研究者です）というフレーズはまさにそういう場面にこそ，ぴったりなのです．

冠詞を持たない日本人の私たちはどうやら「the」に対して「世界で一番優れた，究極の」というようなイメージを抱いているようです．例えばインターネットで「ザ・ラーメン」と検索してみると，30万件以上のヒット（2017年8月現在）がありました．「the researcher」に対しても，その道の権威，世界中の人によく知られている有名な研究者，というようなニュアンスで使われている，と思いがちなのですが，それは間違いです．

「the researcher」は，世界に「たった一人」しかいない，限定された，特定の研究者を指すのです．この場合で言えば「お二人がいま話題にしていたその研究者」は世界にたった一人しかいない（つまりA先生である）わけですね．

いかがですか？　「a」と「the」の違いが少しクリアーになってきたでしょうか？

冠詞そのものは日本語にありませんが，冠詞が付け加えるニュアンスをひと言で表すとすれば「a」＝「ある」（または「1つの」），「the」＝「その」になるでしょう．

上の日本語の文章で確かめてみましょう．
・「これはある日本人の先生からうかがった実話です.」
　▶「**ある**日本人の先生」を英訳すれば「**a** Japanese professor」になります．
・「その先生が若いころ外国で学会に参加されたとき，……」
　▶「**その**先生」は「**the** professor」ですね．
このように，日本語の「ある」は「a」，「その」は「the」に相当するのです．

こう書いていくと実は冠詞ってとても簡単なようにも思えるのですが，何故それがときに難しくなってしまうかというと，日本語の場合必ずしも「ある」や「その」を名詞につける必要はないからなのです．上の文章から「ある」と「その」を取っ払ってしまい，単に「先生」と書いてあったとしても，前後関係から意味は通じます．

結局，日本人にとって冠詞が難しいのは，実は単に「慣れてない」だけのこと．これから英文を読むときに，少し冠詞に気を配るようにしてみると，冠詞が自然に身についていくのではないか，と私は思っています．

では，具体的にどうするか，ですが，まずは，冠詞を読み飛ばさないことが大切です．不定冠詞の「a」が出てきたら，「ある」「1つの」，定冠詞の「the」が出てきたら，「この」「その」をつけて，その意味を考えることを習慣づけていきましょう．

第12講の英文 S. 1，S. 2，S. 3 を例に考えてみましょう．

S. 1　　Lead melts at a temperature of 328℃．（鉛は 328℃ で融ける）
　　▶鉛は 328℃「という 1 つの温度」で融ける．
S. 2　　A neutralization reaction occurs．（中和反応が起こる）
　　▶「ある 1 つの」中和反応が起こる．
S. 3　　An acid reacts with a base to form a salt．（酸が塩基と反応し塩が生じる）
　　▶「ある 1 つの」酸が「ある 1 つの」塩基と反応して「ある 1 つの」塩が生じる．
「〜という 1 つの温度」とか「ある 1 つの酸」という表現はわかりにくいですが，「1 つの数字で表される温度」「ある 1 種類の酸」ということです．抽象名詞（temperature）や物質名詞（acid）が普通名詞になって「a（an）」がつくことについては第 16 講で解説しています．

第15講 文法

推量や不確かさを表す表現：
will は必ずしも「～だろう」ではないこと

　「A は B である」と 100％断定して話を進めることができれば，ことは簡単なのですが，世の中そう都合よく話は進みません．実験をした結果，こうなるはずだったのに，ならなかった，なんてことも実際たくさんありますよね．そうなるとレポートの考察で活躍するのは「～が～となったのはおそらく～が生じたためであ・ろ・う・」などという「推量や不確かさを表す表現」です．先の第 12 講では「unlikely」という推量を表す副詞が，また第 13 講では「would」という助動詞が登場しました．本講では「推量や不確かさを表す表現」としてこのような「助動詞」と「副詞」を見ていきます．

●推量を表す助動詞

　まず論文などで推測（不確かさ）を表すときによく用いられる助動詞を可能性の順に並べてみました．右に行くほど可能性が低くなります（『ウィズダム英和辞典』より）．

　・must ＞ will ＞ would ＞ should ＞ can ＞ may ＞ might ＞ could

一般に，動詞の前にこれらの助動詞が置かれると，状況が不確かなものになり，「～する」は「～するだろう」に変わります．例えば

　S. 14　The reaction proceeds.（その反応は進行する．）

に would が加わると，

　S. 15　The reaction would proceed.（その反応は進行するだろう．）

となります．

　それでは一つ一つの助動詞について見ていきましょう．

・must：強い推量「～に違いない」

　S. 16　The Big Bang must have produced equal amounts of matter and antimatter.

82　第15講　推量や不確かさを表す表現：will は必ずしも「～だろう」ではないこと

[Big Bang　ビッグ・バン／ matter　物質／ antimatter　反物質]

・**will**：未来，一般的性質

　未来を意味する「will」の場合，「～だろう」と訳すこともありますが，現在形を使用する方が適切な場合もあります．例えば，論文などでよく見られる表現「This will be discussed later.」を「これについては後ほど考察するだろう」と訳すのはおかしいですね．その論文には「必ず」考察が掲載されているのですから．この場合は「これについては後ほど考察する」と訳すのが適切です．

　「will」が出てくると自動的に「～だろう」と逐語訳してしまうのは，もしかすると受験で減点されない答案を書こうとしてきた弊害かもしれません．この辺でいったん受験英語はリセットし，「情報をやり取りするツール」としての英語を学んでいきましょう．具体的には逐語訳を卒業し，意訳を心がけること．理想の意訳とは，その英文を読んだネイティブの人が受け取る情報を過不足なく日本語で表すことです．

　一般的性質を表す「will」というのは，例えば次のように使われます．

S. 17　Gasoline will float on water.

S. 18　Gasoline floats on water.

S. 17 と S. 18 の文章の意味にはほとんど差はありません．あえて言えば，S. 18 は「ガソリンは水に浮く」という「事実」を客観的に述べているのに対し，S. 17 は「ガソリンは水に浮く」という「一般的性質」を述べている，というニュアンスの差があります．

・**can, may, might**：可能性「～することがある」

　助動詞「can」「may」「might」は can → might の順に可能性が低くなります．

S. 19　The reaction can last between 1-24 hours.

・**will, would, should, could**

　ほぼ確実に起こる未来の出来事を示すのが「will」，「きっと～だろう」が「should」，起こる確率がグーンと減ってしまって「起こるかもしれない」という表現がふさわしいのが「could」です．will → would と過去形になると確率がやや減少します．

S. 20　The mixture should explode in a few moments.

　　　[explode　爆発する]

●不確かさを表す副詞

次は「不確かさを表す」副詞です．化学英語でよく登場する副詞を，それが示す可能性の高い順に挙げてみました．（日本語訳は絶対的なものではなく，あくまでも参考です．）

- certainly ／ definitely ／ undoubtedly ／ doubtlessly　確実に
- almost certainly　ほぼ間違いなく
- probably　十中八九，多分，おそらく
- likely　〜である可能性が高い
　（unlikely は否定形「〜である可能性が低い」）
- hopefully　うまくいけば
- presumably ／ perhaps ／ maybe　ひょっとすると，おそらく，多分
- possibly　ことによると

S. 21　This does not mean that the reaction would certainly happen as there are other factors, such as activation energy.
　　　[activation energy　活性化エネルギー]

S. 22　When two or more reactants are mixed and a change in temperature, color, etc. is noticed, a chemical reaction is probably occurring.
　　　[reactant　反応物質／ notice　気づく／ chemical reaction　化学反応／ occur　生じる]

S. 23　Water and highly polar side products will hopefully be retained on the silica column, while the desired product will hopefully wash through.
　　　[polar　極性を持つ／ side product　副生成物／ retain　保つ／ silica column シリカカラム／ desired product　所望の生成物／ wash through　流出する]

S. 24　The actual spectrum of C_{60} not only shows a monomer peak but also another peak, possibly due to some impurities.
　　　[actual spectrum of C_{60}　C_{60} の実際のスペクトル／ monomer peak　モノマーのピーク／ impurity　不純物]

慣れないうちは，このような推測や不確かさを表す助動詞や副詞が長い文章中に混じっていると，意味が取りにくくなってしまうこともあるでしょう．そういう時には，曖昧な表現をいったん取り除いた断定文を作り，まずは基本となる文の意味をきちんと押さえましょう．それから「おそらく」とか「〜だろう」とい

84　第 15 講　推量や不確かさを表す表現：will は必ずしも「～だろう」ではないこと

った推量を表す言葉を戻し，それらによって加わるニュアンスを理解していきましょう.

推量や不確かさの表現には個人の主観も関わってきます. このような表現が出てきたら，その都度，確からしさの程度を確認しながら，少しずつ表現に慣れていってください.

最後に，本講で出てきた例文を日本語訳をヒントに思い出してみましょう.

S. 14　その反応は進行する.

S. 15　その反応は進行するだろう.

S. 16　ビッグ・バンにより同量の物質と反物質が生じたに違いない.

S. 17　ガソリンは水に浮くものだ.

S. 18　ガソリンは水に浮く.

S. 19　この反応は 1 時間から 24 時間続くことがある.

S. 20　その混合物はきっとまもなく爆発するだろう.

S. 21　これは，その反応が確実に生じるということを意味するわけではない. というのも，活性化エネルギーなどの別の要因もあるからだ.

S. 22　2 つ以上の反応物質を混合した時に，温度や色などに変化が見られれば，おそらく化学反応が生じているのだ.

S. 23　うまくいけば，水や極性の高い副生成物がシリカカラム上に残り，所望の生成物が流出してくるだろう.

S. 24　C_{60} の実際のスペクトルではモノマーのピークのみならず，もう 1 つのピークが見られるが，それはことによると，若干の不純物が原因である.

第 **16** 講　文法

物質名詞や抽象名詞が可算名詞になるとき：「temperature」に「a」はつくの？

●物質名詞が可算名詞に

第14講で「アルカリ，水，温度」はそれぞれ物質名詞や抽象名詞（不可算名詞）であり，数えることができないと述べました．例文を見てみましょう．

S. 25　Copper reacts with nitric acid and sulfuric acid.

ここで copper（銅），nitric acid（硝酸），sulfuric acid（硫酸）は，すべて物質名詞なので無冠詞です．ところで，次の例文ではどうでしょう？　「acid」に注目してください．

S. 26　Acids are ionic compounds (a compound with a positive or negative charge) that break apart in water to form a hydrogen ion (H^+).

　　　[ionic compound　イオン性化合物／a positive (negative) charge　正（負）の電荷／break apart　分解する]

不可算名詞の acid は複数形にならないはずなのに，ここでは acids と複数になっています．なぜでしょう？　実は物質名詞であっても，その「種類」に注目するとき，種類は数え上げることができるので，不可算名詞から可算名詞へと変化するのです．

もう1つ例をあげましょう．「お茶に砂糖を入れる」と英語で言う場合の砂糖「sugar」は物質名詞なので無冠詞です．そこで英文は「I put sugar in my tea.」になります．しかし，さまざまな糖の種類に言及する文の中では「sugar」には「s」がついて「sugars」となります．例えば「ブドウ糖や果糖，そしてガラクトースは単糖である」を英文にすると次のようになります．

S. 27　Glucose, fructose and galactose are monosaccharides (simple sugars).

「glucose」はグルコース，またはブドウ糖，「fructose」はフルクトース，または果糖，「galactose」はガラクトース，「monosaccharide」はモノサッカライド，すなわち単糖，また，単糖には「simple sugar」という言い方もあります．

ここで「monosaccharides」と「simple sugars」がそれぞれ複数になっているのは，「単糖」であるグルコース，フルクトース，ガラクトースを数え上げているためです．一方グルコースやフルクトースはそれぞれ単糖に与えられた名前なので物質名詞になります．ちょうど硝酸（nitric acid）や硫酸（sulfuric acid）はそれぞれ物質名詞なので無冠詞だけれど，それらを合わせると acids と複数になるのと同じですね．

●抽象名詞も可算名詞に変わる

同様に温度（temperature）のような抽象名詞も状況に応じて普通名詞に変わります．

S. 28　The speed of chemical reactions in general increases with an increase in temperature.【note 1】

　　　　[chemical reaction　化学反応]

この文では「temperature」は温度という抽象的な概念を示しているので無冠詞です．ところが，

S. 29　Water boils at a higher temperature than other liquids.

この文では「temperature」に不定冠詞の「a」がついています．

これは，温度という抽象的な概念を示す抽象名詞だった「temperature」がある１つの数値としての温度（例えば100℃とか，37℃とか）を表す普通名詞に変わったからなのです．１つの数値で表される温度は「a temperature」ですし，複数の数値で表される温度について言及する時は「temperatures」と複数形が使われます．次の例で確認しましょう．

S. 30　Some precipitates lose water readily in an oven at temperatures of 110℃ to 130℃.

　　　　[precipitate　沈澱]

この場合「temperatures」は110℃から130℃の間に存在する，いくつかの温度の値（具体的に明示されてはいないけれど，例えば110℃，111℃，112℃，113℃など）を指しているので，普通名詞になり，複数形で表されています．

もう１つ次の例と比べてください．

S. 31　A thermodynamic diagram with temperature as the abscissa and

87

pressure as the ordinate.

[thermodynamic diagram　熱力学線図／ abscissa　横軸／ ordinate　縦軸]

この文では「temperature」も「pressure」もそれぞれと温度と圧力という抽象的な概念を表す抽象名詞なので無冠詞になっています.

最後に「temperature」に定冠詞がつく場合をあげておきます.

S. 32　The boiling temperature of water is 100℃.

沸点は液体が沸騰する時の温度です. 液体が沸騰する時の温度という抽象的な概念を表す時は，抽象名詞となり，無冠詞ですが，ある１つの数値で表される時には普通名詞となり，冠詞が必要です.「水の」沸点（of water）と限定されると，ただ１つの存在となるため，定冠詞の「the」がつくわけですね.

その他，覚えておきたい例として室温を表す「room temperature」があります. これはある１つの温度を表すものではなく，いわば固有名詞のような存在なので，無冠詞です.「RT」などと略されることもあります.

S. 33　After addition of Compound A（10.4 mmol）and Compound B（0.8 mmol）to water, the resulting solution was reacted at room temperature for 8 hours to form the desired product.

[compound　化合物／ resulting solution　生じた溶液／ room temperature 室温／ desired product　目的の生成物]

それでは本講の例文を次の日本語訳をヒントに思い出してみましょう.

S. 25　銅は硝酸および硫酸と反応する.

S. 26　酸はイオン性化合物（正または負の電荷を持つ化合物）で，水中で分解し水素イオン（H$^+$）を生じる.

S. 27　ブドウ糖や果糖，そしてガラクトースは単糖である.

S. 28　一般に化学反応の速度は温度の上昇につれて増加する.

S. 29　水は他の液体よりも高い温度で沸騰する.

S. 30　沈澱の中には乾燥器中 110℃ から 130℃ の温度で簡単に脱水するものもある.

S. 31　温度を横軸に，圧力を縦軸にとった熱力学線図.

S. 32　水の沸点は 100℃ である.

S. 33　化合物 A（10.4 mmol）と化合物 B（0.8 mmol）を水に加え，生じた溶液

を室温で 8 時間反応させ，目的の生成物を得た．

【note 1】「The speed of chemical reactions in general increases with an increase in temperature.」という文についてさらに解説します．

・in general は「一般に」という意味で，副詞 generally に置き換えることができます．

・increase は増加するという意味の動詞で使う場合，自動詞と他動詞の両方があります．自動詞の increase では，増加するものが主語になります．一方他動詞の場合，増加するものは目的語になります．次の 2 つの文を比較してください．S. 34 は自動詞の increase，S. 35 は他動詞の increase の例です．

S. 34　Effectively, the amount of blood oxygen will increase in this process.
　　　　本プロセスにおいて血中酸素量は効果的に増加する．

　　　　[effectively　効果的に／ process　プロセス／ blood oxygen　血中酸素]

S. 35　Effectively, this process will increase the amount of oxygen in the blood.
　　　　本プロセスは血液中の酸素の量を効果的に増加させる．

　　　　[blood　血液]

ここで上記の 2 つの文の意味はほぼ変わりません．

・ところで increase を「増加」という名詞で使う場合には「増加するもの」の前に前置詞「of」ではなく「in」が来ることに注意してください．

つまり「血中酸素の増加」は「an increase of blood oxygen」ではなく，「an increase in blood oxygen」となります．「〜の増加」を英語にしようとすると「の」に当たる前置詞としてつい「of」を使用したくなるのですが，前置詞は「in」なのです．

これは「変化（change）」についても言えることで，例えば「この反応中の温度変化」を英文にすると「a change in temperature during the reaction」となります．

change in の代わりに change of を使うと，変化するもの，ここでは「温度」が「温度以外の別のもの」に変わってしまうイメージを与えます．温度そのものが変化するわけではなく，あくまでも「温度における（温度を表す数字の）変化」と考えると，ここで前置詞が「in」であることも納得できるのではないでしょうか．

第 17 講 　文法

動詞から作る形容詞：
used solvent と solvent used はどう違う？

● 現在分詞形を形容詞として使う

　化学英語では，同じ内容を伝えることができるなら，文の構造が簡単で語数が少ないほどよいのです．ですから関係代名詞を使う代わりに，動詞の現在分詞形を形容詞として使うことがよく行われます．

　次の文をみてください．

S. 36　A series of nickel (II) complexes **comprising** N, N, N', N'-tetra-methylethylenediamine (tmen), benzoylacetonate (bzac), and a halide anion (X), Ni(tmen)(bzac)X・n(H$_2$O) (n = 1-4, X = Cl$^-$, Br$^-$, I$^-$), have been synthesized.

　　　　[nickel (II) complex　ニッケル錯体（ニッケルの後の (II) はニッケルイオンが２価であることを示す）／ N, N, N', N'-tetramethylethylenediamine　$N, N,$ N', N'- テトラメチルエチレンジアミン／ benzoylacetonate　ベンゾイルアセトン／ halide anion　ハロゲン化物イオン／ synthesize　合成する]

これは，錯体の論文のアブストラクトの最初の１行です．ここでは「nickel complexes which comprise」と関係代名詞と動詞の組み合わせを使う代わりに，「comprising」という現在分詞１語を使って主語の nickel complexes を形容しています．そのおかげで関係代名詞を使った複文構造が，5 文型中最も単純な第一文型（S + V）へと変わり，語数も減って全体にコンパクトになりました．

　ここで，主語は「A series of nickel (II) complexes comprising N, N, N', N'-tetramethylethylenediamine (tmen), benzoylacetonate (bzac), and a halide anion (X), Ni(tmen)(bzac)X・n(H$_2$O) (n = 1-4, X = Cl$^-$, Br$^-$, I$^-$)」．長いですが，第 13 講で見てきたように，動詞に注目すれば「have been synthesized」の前までが主語だと簡単にわかります．

　この文を構成している各語について簡単な説明を加えると，「a series of」（一

連の）は不定冠詞の「a」がついていることからわかるように，見かけ上単数ですが，ここでは複数の錯体を指しているため，動詞 have は複数形になっています．（このような集合名詞についてはさらに詳しく第19講で説明します．）comprising は「〜からなる」という意味の他動詞 comprise【note 1】の現在分詞形，*N, N, N′, N′*-tetramethylethylenediamine（tmen）はジアミンの一種（錯体のリガンド），benzoylacetonate（bzac）はジケトンの一種（錯体のリガンド），halide anion はハロゲン化物イオン（錯体のリガンド）です．

　述語は「have been synthesized」（合成するという意味の他動詞「synthesize」の受け身，現在完了形）です【note 2】．

　このように動詞の現在分詞形を用いることにより，関係代名詞と動詞を含む名詞節を名詞句に変え，この名詞句を主語として用いることで複文を単文にして，文全体をコンパクトにまとめることができるのです．

●現在分詞形と過去分詞形

　ところで，動詞から作られる形容詞にはもう1つ過去分詞形もあり，これらの使い分けには注意が必要です．

　どういう場合に動詞の現在分詞形が使われ，どういう場合に動詞の過去分詞形が使われているのか？　それは動詞とその動詞が修飾する名詞の関係によって決まります．

　・現在分詞形の動詞を使うのは，修飾される名詞がその動詞の主語の時，

　・過去分詞形の動詞を使うのは，修飾される名詞がその動詞の目的語の時．

　それでは具体例を見ていきましょう．

　<u>S. 37</u>　A green plant produces oxygen.

この文章には主語「A green plant」と目的語「oxygen」という2つの名詞と「produce」という動詞が含まれています．まず，主語になっている名詞「a green plant」を動詞が修飾する場合，すなわち「**酸素を生産する**緑色植物」と言いたい時には動詞の現在分詞形「producing」が使われます．

　<u>S. 37′</u>　An **oxygen producing** green plant

目的語になっている名詞「oxygen」を動詞が修飾する場合，すなわち「緑色植物によって**生産される酸素**」と言いたい時は，動詞の過去分詞形「produced」が使われます．

S. 37″ **Oxygen produced by** a green plant

このように動詞を使って名詞を修飾することにより，ＳとＶを含む，１つの文で表されていた情報は名詞句にまとめることができ，その名詞句を今度は主語や目的語などの文の要素として組み込むことにより，関係代名詞を使った複文構造（例えば下記のS. 38）が単純なＳ＋Ｖ＋Ｏの第三文型（例えば下記のS. 39）に変わるのです．

S. 38　We need a green plant which produces oxygen.

S. 39　We need an oxygen producing green plant.

現在分詞形を使う方がスッキリしていて，格調高い，大人の文章ではありませんか？

同様に，

S. 40　We need oxygen which is produced by a green plant.

という文章は関係代名詞 which を使わずに

S. 41　We need oxygen produced by a green plant.

とする方が化学英語として好ましいといえるのです．

●**分詞を見分けて述語を見抜く**

さて，これまでは文章を書く立場から「動詞から作る形容詞」の説明をしてきました．ここからは，文章を読む立場に立って，もう一度動詞の「～ing 形」と「～ed 形」を使った例を見ていきましょう．

第13講で「長い文を読み解くときには，まず動詞に注目する」と解説しました．そこで大切なのが「その文の述語となっている動詞を見抜く」ことです．というのも，これまで見てきたように動詞は「～ing」や「～ed」の形で形容詞として名詞を修飾することも多いので，長い文の中にいくつもの動詞が出てきた場合は，まず動詞の形に注目し，形容詞として名詞を修飾している動詞を述語と勘違いしないことが重要なのです．

1)　「～ing」の形なら，現在分詞形の形容詞の可能性があります．その動詞は後ろの名詞を修飾しているのではありませんか？

例）oxygen producing plant ⟶ 酸素生成植物

2)　「～ed」の形なら，過去分詞形の形容詞の可能性があります．その動詞は前の名詞を修飾しているのではありませんか？

例）oxygen produced by a plant —→ 植物が生成する酸素

　化学英語には1つのまとまった内容を1文にまとめる，というルールがあります．明瞭簡潔な文を書く上で役立つ，動詞の分詞形をこれから是非活用してください．

　さて，これまでは他動詞の例を見てきました．ここで自動詞の例もあげておきましょう．

S. 42　A precipitate resulted.

　　　　[precipitate　沈澱／result　生じる]

この文から「生じた沈澱」という名詞句を作るにはどうしたらよいでしょうか？「precipitate」という名詞は動詞「resulted」の主語になっているので，動詞は現在分詞形の「resulting」をとり，

S. 42′　A resulting precipitate（生じた沈澱）

となります．

　これを使えば，次のような文が簡単に作れます．

S. 43　The resulting precipitate was filtered.

　　　　[filter　ろ過する]

ここで注意しておきたいことは，自動詞は目的語を取らないこと．したがって自動詞を使った受け身文は存在しないということです．化学英語になれている方でも「生じた沈澱」を「resulted precipitate」としてしまう間違いが多く見られますので要注意です．

　さて，これは「生じた沈澱」を英語にするとき，「生じる」に「result」や「occur」などの「自動詞」を用いた場合のことです．

　・A precipitate which is resulting（occurring）.

　　　—→ resulting（occurring）precipitate

　先に詳しく述べたことの繰り返しになりますが，「〜を作り出す」という意味を持つ「produce」や「generate」などの「他動詞」を用いる場合は，

　・A precipitate which is produced（generated）.

　　　—→ produced（generated）precipitate

となります．

●過去分詞を後置する

ここでさらに気をつけたいのが，過去分詞を置く位置．「produced precipitate」も間違いではありませんが，通常は過去分詞形は名詞の後に置き「precipitate produced」とします．そうすると「どのように」生成したのか，その「条件」などをさらに付け加えることができて便利です．

「precipitate produced <u>by method A</u> <u>at a temperature of 100℃</u> <u>in an inert atmosphere</u> ...」(<u>A法により</u>，温度<u>100℃</u>，<u>不活性雰囲気中で</u>生成した沈澱)

また特別な例ですが，過去分詞形の動詞を名詞の前に置くか，後に置くかで意味が変わることもあるのです．

次の2つの英文の意味の違いを考えてみてください．

1) a solvent used
2) a used solvent

1は「使用した溶媒」という意味ですが，2は「使用済みの溶媒」という意味になります．実験室で「廃棄物」として処理する溶媒のこと．「使用済みの溶媒」はこの容器に回収しますというような場合に使います．「used car」というと「中古車」のことで，今日学校に来るのに「使った車」という意味にならないのと同じです．

それでは，日本語訳をヒントに本講に出てきた英文を思い出してみましょう．

<u>S. 36</u>　N, N, N', N'-テトラメチルエチレンジアミン（tmen），ベンゾイルアセトン（bzac），およびハロゲン化物イオン（X），Ni(tmen)(bzac)X・n(H$_2$O)（n = 1-4, X = Cl$^-$, Br$^-$, I$^-$）からなる一連のニッケル錯体を合成した．

<u>S. 37</u>　緑色植物は酸素を生産する．

<u>S. 38</u>　私たちは酸素を生産する緑色植物を必要としている．（which を使って）

<u>S. 39</u>　私たちは酸素を生産する緑色植物を必要としている．（which を使わずに）

<u>S. 40</u>　私たちは緑色植物が生産する酸素を必要としている．（which を使って）

<u>S. 41</u>　私たちは緑色植物が生産する酸素を必要としている．（which を使わずに）

94   第 17 講　動詞から作る形容詞：used solvent と solvent used はどう違う？

S. 42 沈澱が生じた.

S. 43 生じた沈澱をろ過した.

【note 1】他動詞「comprise」について.

・「〜からなる」と訳せる動詞には「comprise」の他に「consist」もあります. この2つの動詞の文法上の違いは「comprise」が他動詞で「consist」が自動詞だということと. 自動詞の「consist」には前置詞「of」が必要になります.

　　例）水は酸素と水素からなる.

　　Water comprises oxygen and hydrogen.

　　Water consists of oxygen and hydrogen.

ここで少々紛らわしいのは, 他動詞の「comprise」には受け身形「be comprised of」もあり, その場合は, 前置詞の「of」が必要になるということです.

　　Water is comprised of oxygen and hydrogen.

comprise = consist of = be comprised of と, 覚えておくといいでしょう.

・ただし, より正確に言えば, comprise は「〜を含有する」という意味の動詞です. 例えば, ここで挙げた錯体は, tmen と bzac とハロゲン化物イオン（X）「だけ」からなるのではなく, これらの他に水（H_2O）もリガンドとして含んでいるので, この文においては comprise は使えますが, consist of（「〜だけからなる」の意味を持つ）は使用できないのです.

【note 2】have been synthesized（現在完了形）が使われていることについて.

アブストラクト中で現在完了形が使われているのは「（つい先ほど）〜を合成したばかり」というニュアンスを伝えたいためです.（つまりこの論文はできたての事実を報告していますよ……と著者は暗に言いたいのですね！）

ちなみに論文では各項目で使われる時制が異なります. 現在完了形が使われるのはアブストラクトくらい. 例えば考察ではその研究から得られた結論を述べるために現在形が使用され（普遍的な事実は現在形で書くため）, 実験項ではすでに終わった実験の説明をするので通常は過去形が使われます. 論文については第 26 講で詳しく解説しています.

第 18 講　文法

前置詞の話：「三角形上の点 P」を表すときに使うのは「in」？「on」？それとも「at」？

　前置詞はちっぽけな単語ですが，言葉同士を結びつけ，それらの関係を規定するという大きな働きをします．前置詞が変わると細かな意味が違ってしまうので，正確に読み取るためには，前置詞に気を配ることが大切です．では，化学英語によく登場する前置詞をここで一度まとめておきましょう．

● 場所を示す前置詞：in, on, at
　右の三角形（triangle）のどこかに点（point）P が存在するとします．次の指示に従って P を図の中に書き入れてください．
　1) P はこの三角形の中にある．
　2) P は辺（side）の上にある．
　3) P は頂点（vertex）の上にある．

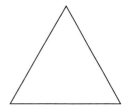

さて，1〜3 を英語にするとどうなりますか？
　1) Point P is in the triangle.
　2) Point P is on a side.
　3) Point P is at a vertex.

前置詞「in」は，ある広がり（空間や平面）を持ったものの「中に存在する」とき，「on」は，面や線に「接している」とき（線上／面上），「at」は，「非常に狭いところ（点）に存在する」ときに使います．例えば「〜℃で」など「ある 1 点で表される温度を示す」ときに使われるのも「at」です．

● 時間を示す前置詞：in, on, at, for
　場所の場合と同様に，in ＞ on ＞ at の順に時間の範囲が狭まり，「in」は季節（spring）や月（April）など，「on」は曜日（Monday）など，「at」は時刻（3 o'clock）などに用いられます．時間の長さを示すときには「for」が使われます．

96 第18講 前置詞の話：「三角形上の点P」を表すときに使うのは「in」？「on」？それとも「at」？

S. 44 The solution was heated at 35°C for 4 hours.
[solution 溶液]

●方向を示す前置詞：to, into, onto

「to」は動作が，ある方向に向かう時に用いられる前置詞です．日本語では助詞の「に」や「へ」が，これに相当します．「in」や「on」と組み合わさり「into」（〜の中へ）や「onto」（〜の上へ）として使われることもあります．

S. 45 When pressure is applied to a liquid, its volume decreases.
[apply to 〜 （力や圧力などを）〜に加える／decrease 減少する]

S. 46 A comprehensive study of the process of adsorption of a nonionic surfactant $C_{18}E_{112}$ onto poly(styrene) (PS) latex particles by small-angle X-ray scattering (SAXS) is presented.
[comprehensive study 包括的研究／adsorption of a nonionic surfactant 非イオン性表面活性剤の吸着／poly(styrene) (PS) latex ポリスチレン (PS) ラテックス／particle 粒子／small-angle X-ray scattering (SAXS) X線小角散乱法]

●手段を示す前置詞：by, with

手段や方法を表すときに用いられるのが「by」と「with」で，日本語の「〜によって」に相当します．「by」と「with」の違いを少し細かく見ていくと，それを行った主体（人）あるいは手段（方法など）を示すのが「by」で，それを行うのに用いた道具や物質を示すのが「with」になります．

例えば「この白い沈澱（white precipitate）をろ過（ろ紙）により分離した」という文では，「ろ過」（filtration）が方法，「ろ紙」（filter paper）は道具です．方法には「by」，道具には「with」を用いるので，次のようになります．

S. 47 The white precipitate was separated by filtration.

S. 48 The white precipitate was separated with a filter paper.

● on と about について

「on」も「about」も「〜に関する」「〜について」という意味を表す前置詞ですが，文章に書かれたもの，例えば研究（study）や報告書（report）などでは扱

っている主題の前に置く前置詞としては「on」がよく使われます．したがって
「〜に関する研究」は「A study on 〜」となります．「on」の方が「about」より
も，専門的な内容の，硬い表現にふさわしいのです．一方話し言葉では「about」
もよく使われています．例えば講演で「本日は〜についてお話します」というと
きには「Today I will talk about 〜」という表現がよく用いられています．

　前置詞の使い方について，おわかりいただけたでしょうか？　それでは次の文
章を読み，なぜここで「to」「into」「with」が使われているのか，考えてみてく
ださい．

S. 49　After it is cooled down **to** room temperature, the solution was poured
　　　　into ethyl acetate（100 mL）and the organic phase was washed three
　　　　times **with** 300 mL of water.

　　　　［room temperature　室温／ ethyl acetate　酢酸エチル／ organic phase　有
　　　　機相／ three times　3回］

・to：その溶液を室温まで冷やした．室温「へ」と温度を下げていくから「to」
　が使われています．ここでは当初の溶液の温度が明示されていませんが，「to」
　が使われていることから室温より高かったのだとわかります．S. 44 の文にお
　ける「at」（その温度「で」加熱している）との違いに注意してください．

・into：溶液は注がれて酢酸エチル「の中」（in）に入ります．そこでここでは
　注ぎ入れる動作の方向を示す「へ」（to）と「の中」（in）が一緒になった
　「〜の中へ」（into）が使われています．

・with：水「によって」洗われる．「by」または「with」を使う場面です．こ
　こでは「水」が物質なので「with」が使われます．

それでは，次の和訳をヒントに本講で登場した英文を思い出してみましょう．

S. 44　その溶液を35℃で4時間加熱した．

S. 45　ある液体に圧力が加わると，その体積は減少する．

S. 46　ポリスチレン（PS）ラテックス粒子上への非イオン性表面活性剤 $C_{18}E_{112}$
　　　　の吸着プロセスをX線小角散乱法により包括的に研究し，提示した．

S. 47　この白い沈澱をろ過により分離した．

S. 48　この白い沈澱をろ紙により分離した．

S. 49　室温まで冷却した溶液を100 mLの酢酸エチルの中へ注ぎ入れ，得られ
　　　　た有機相を300 mLの水で3回洗浄した．

第 **19** 講 文法

主語と述語の一致：
この主語は単数？　それとも複数？　いい質問です

　英語の文には必ず主語が必要なので，常に主語と述語を一致させるよう気を配らなければなりません．ほとんどの場合，主語が単数なら動詞も単数形，主語が複数であれば動詞も複数形にするのに問題はないのですが，ときには主語が単数なのか複数なのかを見分けることが難しい場合があるので注意が必要です．

●単数？　複数？

　ではここで質問です．次の（　　）の中に入るのは「is」？　それとも「are」？

S. 50　Application of this method to studies on the phytoplankton biomass and its environments (　　　　) described.

　　　[application　適用／phytoplankton biomass　植物プランクトンバイオマス／environment　環境／describe　述べる，説明する]

S. 51　Growth and isolation of avian flu virus (　　　　) described.

　　　[growth　増殖／isolation　単離／avian flu virus　鳥インフルエンザウイルス]

S. 52　Research and development (　　　　) also referred to as R&D and can be translated as *kenkyu kaihatsu*.

　　　[research　研究／development　開発／referred to as ～　～と呼ばれる／translated as ～　～と翻訳される]

S. 53　Application or uses (　　　　) noted.

　　　[application　利用法／use　用途／note　述べる]

S. 54　This group of chemicals (　　　　) regarded as cholinesterase inhibitors.

　　　[chemical　化学薬品／regarded as ～　～であると見なされる／cholinesterase inhibitor　コリンエステラーゼ阻害剤]

99

注）S. 54 はさまざまな化学薬品がリストアップされている文章の中で使われています.

S. 55 It is interesting to note that many terpenoids also exhibit considerable toxicity to some insects but very low toxicity to mammals, and this group of chemicals (　　　　) present in a host of spices, and flavors.
[be interesting to note that ～　興味深いことに～（it is interesting to note that はしばしば「interestingly」という副詞 1 語で置き換えることができます）／ terpenoid　テルペノイド／ exhibit　示す／ considerable　かなりの／ toxicity　毒性／ insect　昆虫／ mammal　哺乳類／ chemical　化学物質／ be present　存在する／ a host of　多くの／ spice　スパイス, 香辛料／ flavor　香料]

S. 56 Five grams of KOH (　　　　) added to the solution.
[KOH　水酸化カリウム／ solution　溶液]

S. 57 Each test tube and each holder (　　　　) sterilized before use.
[test tube　試験管／ holder　ホルダー／ sterilize　殺菌する]

S. 58 Each student and every professor (　　　　) invited.
[professor　教授, 先生／ invite　招待する]

●正解と解説

正解は順に, is, are, is, are, is, are, is, is, are となります.

いかがでしたか？　一見やさしく見えて, 実は案外難しかったのではありませんか？

それでは詳しく解説していきましょう.

S. 50 Application of this method to studies on the phytoplankton biomass and its environments **is** described.

動詞の前までが主部なので,「Application of this method to studies on the phytoplankton biomass and its environments」までがすべて主部です. ここでは単語と単語を結びつけている「前置詞」に注目して意味を取ることが大切です（前置詞については第 18 講を参照）. 何を適用するのかを示すのが「of」（Application of this method, この方法の適用）, 何に適用するのかを示すのが

100　第19講　主語と述語の一致：この主語は単数？　それとも複数？　いい質問です

「to」（to studies, 研究への適用），何についての研究かを示しているのが次の
「on」（on the phytoplankton biomass and its environments, 植物プランクトン
バイオマスおよびその環境に関する研究）となります．したがって枝葉を取って
しまうとこの文の骨子は「Application is described」となり，主語 application が
単数なので動詞は「is」になるわけです．よくある間違いは主部の最後の「and its
environments」の environments が複数なので，それに引きずられて動詞を
「are」にしてしまうものですが，「the phytoplankton biomass and its
environments」までが前置詞「on」の対象になっていることがわかれば，惑わさ
れることはありませんね．

　S. 51　Growth and isolation of avian flu virus **are** described.

主部は「Growth and isolation of avian flu virus」ですね．ここで「of avian flu
virus」は「Growth」と「isolation」の両方にかかるので，「鳥インフルエンザウ
イルスの増殖と単離」という意味になります．2つの名詞が「and」で結ばれると
複合主語となるので，動詞は「are」を選ばなくてはなりません．

　複合主語という言葉はなじみがないかもしれません．名詞が「apple」などの数
えられるものだと，an apple + an apple = apples と理解できるのですが，ここ
では「growth」も「isolation」もそれぞれ抽象名詞で，不可算なため「数えられ
ないもの」と「数えられないもの」を足しても「数えられない」，だから複数扱い
になるのは変，と思われるかもしれませんね．重要なのは，英語の場合主語とし
ての名詞と名詞を「and」で結ぶと，それは複合主語となり，常に複数扱い，と
いう決まりがあるということです．

　S. 52　Research and development **is** also referred to as R&D and can be
　　　　　translated as *kenkyu kaihatsu*.

主語の「Research and development」が「and」で結ばれた複合主語なので複数
扱い，と思われた方，申し訳ありませんが，これは数少ない例外の1つで，「研究
開発」（R&D）という1つのまとまった概念を表しているため，単数扱いです．
「研究」と「開発」という2つのことを指しているのではなく「研究開発」という
新しい意味を持つ言葉として使われているのです．「飲酒運転」という意味の
「Drinking and driving」もこの仲間です．こちらは「飲酒」と「運転」という2
つのことを指しているのではなく「飲酒した状態で運転する」という1つの概念
を表す．いわば熟語になっているので，単数扱いされているのです．

S. 53　Application or uses **are** noted.

「and」で結ばれた主語は複合主語で複数扱いでしたが，「or」で結ばれるとどうなるのでしょう？　この場合は動詞に近い方の名詞の数にしたがうことになります．ここでは「uses」が複数なので動詞は「are」です．「Application」と「uses」の位置を取り変えると，文としての意味は変わりませんが，動詞は is になります．

S. 53′　Uses or application is noted.

S. 54　This group of chemicals **is** regarded as cholinesterase inhibitors.

ここでは化学薬品が分類されリストアップされており，書き手の関心は分類された個々のグループにあります．グループに所属する一つ一つの化学薬品についてではなく，それらの化学薬品を総括的に表しているグループに注目しているのです．そのような場合「this group of chemicals」の主語は「this group」となり動詞は「単数」をとります．このような働きをする語（集合名詞）には，ほかに「series」があります【note 1】．

S. 55　It is interesting to note that many terpenoids also exhibit considerable toxicity to some insects but very low toxicity to mammals, and this group of chemicals **are** present in a host of spices, and flavors.

ここで「this group of chemicals」はその前に出てきた「many terpenoids」を言い換えているだけで，新しくグループ分けしているのではありません．書き手の関心はあくまでも「多くのテルペノイド」にあるのです．そのような場合「this group of chemicals」の意味上の主語は「chemicals」となり動詞は「複数」をとります．（言い換えについては，第 14 講の note 2 を参照してください．）

S. 56　Five grams of KOH **is** added to the solution.

5 グラムが「five grams」と見かけは複数形になっているのにまどわされないようにしましょう．（1 以外の全ての数字につく単位は複数形になります．詳しくは付録「数，単位，略号について」を参照．）ここでは水酸化カリウムが「物質であって，数えられない」ので，量の多い少ないとは無関係に，主語は単数扱いになります．

S. 57　Each test tube and each holder **is** sterilized before use.

S. 58　Each student and every professor **are** invited.

「each」は「それぞれ」，「every」は「どの〜も」という意味で，それぞれ複数の

内容を表しますが,「each」や「every」のついた名詞が主語になるとき,動詞は単数形です.ところがこれらが「and」で結ばれて複数主語になると,話は複雑になります.まず「each ～ and each ～」または「every ～ and every ～」とeach と every が混在していない複数主語の場合,動詞は単数形です(S. 57)が,「each ～ and every ～」と両方を混ぜると動詞は複数形になります(S. 58).

それでは,ここで和文をヒントに本講に登場した例文を思い出してみましょう.

S. 50 植物プランクトンバイオマスおよびその環境に関する研究への本方法の適用が述べられている.

S. 51 鳥インフルエンザウイルスの増殖と単離が述べられている.

S. 52 リサーチアンドディベロプメントは,R&D とも呼ばれるが,「研究開発」と翻訳することができる.

S. 53 利用法または用途が述べられている.

S. 53′ 用途または利用法が述べられている

S. 54 このグループの化学薬品はコリンエステラーゼ阻害剤とみなされている.

S. 55 興味深いことに,多くのテルペノイドもまた何種類かの昆虫に対してはかなりの毒性を示すが,哺乳類にはほとんど毒性を示さない.そして,このグループの化学物質は多くの香辛料や香料中に存在するのである.

S. 56 5グラムの水酸化カリウムがこの溶液に加えられる.

S. 57 各試験管と各ホルダーは使用に先立ち殺菌される.

S. 58 各学生と全ての教授が招待されている(=全学生と全教授が招待されている).

【note 1】先に第17講で見た S. 36 の文では「A series of nickel (II) complexes」が複数扱いになっていますが,これはニッケル錯体のシリーズを全体として問題にしているのではなく,合成された一連の錯体(個々の錯体)に焦点が当たっているためです.「このシリーズは……」などとこの「シリーズ」に注目して述べる場合には,「this series」が主語になるため動詞は単数形になります.

第 20 講　文法

複合名詞をもっと活用しよう

　化学英語の特徴は明瞭（Clear）で，正確（Correct）で，簡潔（Concise）であること．つまり同じ内容が伝わるならば，より少ない語数で表現する方がより好ましいということをこれまでにも繰り返し述べてきました．そのための手段の1つがここで扱う複合名詞（Noun Compounds）です．

　複合名詞とは簡単にいうと，名詞をいくつか並べて作る新しい名詞のことで，実は，教科書やマニュアル，論文など理系の文章ではたくさん使われています．字数を削り，簡潔な表現ができる複合名詞は化学英語には欠かせません．そんな複合名詞は実は英語だけでなく，日本語にも存在します．一例を挙げると「入学」するために受ける「試験」が「入学試験」ですし，「化学」の内容に特化した「英語」が「化学英語」というわけ．

　この講ではまず複合名詞について日本語と英語の比較をしながら具体例を見ていきます．名詞と名詞の組み合わせで作るといっても，どのような語順でそれらの名詞を並べていけばいいのかが重要です．最後に英語の複合名詞の作り方（名詞句を複合名詞に変換する方法）について説明します．

●複合名詞の例

　複合名詞の例としてまず「耐熱針金」（heat resistance wire）を取り上げましょう．「耐熱針金」とは「耐熱性を持つ針金」のことで，主要部の「針金」と，それを修飾している「耐熱（性を持つ）」の2つの部分からなっています．

　英語でも同様に「heat resistance wire」（耐熱針金）は，主要部（英語では「head noun」といいます）の「wire」（針金）とそれを修飾している部分（英語では「qualifier」といいます）の「heat resistance」（耐熱性）という名詞の2つが組み合わさってできています．

　ところで「heat resistance」をよく見てみると，これも「heat（熱）」という名

詞と「resistance（耐性）」という名詞の2つが組み合わさってできた複合名詞だということがわかります.

　「heat」に「resistance」が加わってできた「heat resistance」という複合名詞にさらに「wire」が加わって「heat resistance wire」ができる. すでに存在する複合名詞にさらに名詞を加えて, 新しい複合名詞を作ったり, 2つの複合名詞を合わせて新しい複合名詞を作ることができるので, どんどん長い名詞が生まれます. 例えば「heat resistance wire wholesale suppliers」（耐熱針金卸売業者）etc. etc. ただ, あまり長くなると意味不明になってしまうので, 注意が必要です.

　複合名詞はこのように必要に応じて新しく作られていくものなので, 辞書に載っていない場合も多く, 自分でその意味を読み解くことが必要になります.

●複合名詞の訳し方

　それでは「heat analysis instrument」を例に, 英語の複合名詞を日本語に翻訳するプロセスを見ていきましょう. この複合名詞はこのままの形では普通の辞書には載っていませんが「heat, analysis, instrument」という3つの名詞に分けると, 辞書で「熱, 分析, 装置」と, それぞれの意味を調べることができます.

　と, ここまで読んだみなさんの中には「あれ, 単語をつなげば意味が取れる」と思われた方もいらっしゃると思います. その通り. 実は英語の複合名詞は頭から訳すことでそのまま日本語の複合名詞になることが多く, 私たちにとっては大変ありがたい存在なのです. しかし例外もあります. 例えば前述の「heat resistance wire」は「熱」「耐性」「針金」ではなく「耐熱針金」と「耐」と「性」の間に耐える対象になるものが来ていました.「耐〜性」と前後から挟み込むように修飾する複合名詞にはそのほかにも「耐酸性」（acid resistance）「耐油性」（oil resistance）「耐圧性」（pressure resistance）「耐候性」（weather resistance）「耐水性」（water resistance）などがあります.

　さて, 話が少し横道に逸れてしまいました. 英語の複合名詞を日本語に翻訳するプロセスの話に戻りましょう. 複合名詞では右端の名詞（head noun）が常に一番重要で, 残りの名詞はこれを修飾する働き（qualifier）をしています. つまり「heat analysis instrument」では右端にある単語「instrument」（装置）が重要で, 残りの2つ「heat」と「analysis」は, それがどんな装置かという説明（熱による分析をするための）をしているわけです. したがって日本語に翻訳すると

「熱分析装置」になるのです．

●英作文に役立つ複合名詞

本書は英語を通じて化学的な情報を受け取ることを主な目的として書いたものなので，英語を読むこと，聞くことが中心で，英文を書くことについてはあまり触れていませんが，実は複合名詞は英文を書くときに，とても威力を発揮します．というのも日本人の私たちが苦手な冠詞や前置詞を使わずに同じ内容がより簡単に表現できるからです．

例えば「溶媒を蒸留するための装置」は英語でどういうのでしょう？

「溶媒」「蒸留する」「装置」はそれぞれ，「solvent」（名詞）「distill」（動詞）「equipment」（名詞）です【note 1】．

一番素直に「溶媒を蒸留するための装置」を英文にすると「equipment to distill a solvent」になるのではないでしょうか．バリエーションとしては「to distill」の代わりに「for distilling」とか「for the distillation of」という言い方も使えますね．

ところで，ここで悩むのが冠詞や前置詞です．例えば「solvent」の前に「a」が必要か，「solvent」は複数にすべきか，また「distillation」の前に「the」がいるのか，いらないのか．前置詞も「for」で良いのかどうか……．

この悩みをすべてスキップすることができるのが複合名詞です．というのも複合名詞は名詞だけの組み合わせからできていて，途中に冠詞や前置詞をはさむ必要がないからです．また日本人の私たちにとってはさらなるメリットもあります．先ほど「英語の複合名詞はそのまま日本語の複合名詞になることが多く」と書きましたが，逆もまた真なり．日本語の複合名詞はそのまま英語に置き換えることで，英語の複合名詞になることが多いのです．

つまり「溶媒を蒸留するための装置」から日本語の複合名詞「溶媒蒸留装置」を作り，各単語をそれぞれ「溶媒」（solvent）「蒸留」（distillation）「装置」（equipment）と翻訳し，つなげると「solvent distillation equipment」という英語の複合名詞の出来上がりというわけです．

●複合名詞の作り方

なんだかキツネにつままれたみたい．と思っていらっしゃる方のために，もう

少し詳しく説明します.

話を「equipment to distill a solvent」まで戻しましょう. これを複合名詞を使って表現する場合,複合名詞は名詞の組み合わせなので,まず「蒸留する」(distill) を「蒸留」(distillation) という名詞に変えて「equipment for the distillation of a solvent」という名詞句を作ります【note 2】. ここまでが準備段階です. いよいよこれから「Noun Compounds」を作っていきます.

ここでまず複合名詞 (Noun Compounds) の基本的な構造をおさらいしましょう. 複合名詞は右端の「head noun」と呼ばれる主要な名詞と,その前に置かれた「qualifier」と呼ばれる形容詞の働きをする名詞からなっていました. なぜ右端の名詞が「head noun」なのか?と疑問に思われていた方は,今こそ,その理由がおわかりになりましたね. その通り,実は複合名詞を作る元になる名詞句の頭 (head) にある単語だったからなのです.

では,名詞句から複合名詞を作る手順を説明します. これは大変機械的な作業で,悩むことなく自動的に複合名詞を作ることができます.

まず「head noun」を右端に移動します. 残りの語は「head noun」を修飾する語 (qualifier) として語順はそのままにしておきます. 先ほどの「equipment for the distillation of a solvent」を例にとると下記のような並べ替えができます.

 for the distillation of a solvent equipment

次に「head noun」についている冠詞以外の,すべての冠詞と前置詞を取り除き,名詞だけの組み合わせにします.

 distillation solvent equipment

さて,最後に語順です. 「distillation」と「solvent」という残りの名詞の語順はどうしたらいいのでしょう?

元の名詞句で「head noun」の近くに置かれていた名詞が「noun compound」になっても「head noun」の近くに置かれます.

つまり,「distillation」の方が「equipment」の近くに置かれるため,最終的に

 solvent distillation equipment

という複合名詞ができあがるのです.

それでは名詞句から複合名詞を作る手順をおさらいしましょう.

1) すべてが名詞の組み合わせになっていることを確かめる. (動詞は名詞に置き換える.)

2) 「head noun」を右端に移動する.

3) 「head noun」についている冠詞を左端に置き（今回の「equipment」の例では「head noun」に冠詞がついていないので無冠詞のまま），「head noun」以外のすべての名詞（qualifier）についている冠詞と前置詞を取り除く.

4) 元の名詞句で「head noun」の近くに置かれていた順に名詞（qualifier）を並べ替える.

「equipment to distill a solvent」（5ワード）あるいは「equipment for the distillation of a solvent」（7ワード）で表現されていた「溶媒を蒸留するための装置」という句が，複合名詞を使うことによって「solvent distillation equipment」（3ワード）と短く簡潔になりました．日本語でも「溶媒を蒸留するための装置」（名詞句）より「溶媒蒸留装置」（複合名詞）の方が簡潔で，論文などで使用するにはふさわしい表現であると言えますね.

では，もう1つ例をあげて，名詞句から複合名詞を作る練習をしましょう．今回の例では「head noun」に冠詞がついています.

A system for the purification of water has been developed.

（水を浄化するためのシステムを開発した）

下線部分を「Noun Compound」に変えてみましょう.

まず正統派（英語だけで考えてみるやり方）の方法で解きましょう.

「head noun」は何ですか？　そう，「A system」ですね，そこで「A（　　　　　）system」とおきます.

残りの名詞は「purification」と「water」ですが，「purification」の方が元の名詞句の中で「head noun」に近いので，並べ替えて「water purification」とし，「A」と「system」の間に組み入れます.

複合名詞「A water purification system」が得られます.

次に日本語を経由する裏ワザで解いてみましょう.

まず，「水を浄化するためのシステム」を日本語で「水浄化システム」と複合名詞に変えます.

一つ一つの名詞を英語の名詞に翻訳します．ここで注意するのは動詞を混ぜず

に必ず名詞に翻訳すること【note 3】．水：water，浄化：purification，システム：system，というように．

次にこれを日本語の順に足し合わせ，最後に「head noun」の冠詞を付け加えると，複合名詞「A water purification system」が得られます．

【note 1】化学の実験器具，例えば，フラスコ（flask）やビーカー（beaker），ガラス管（glass tube）は 1 個，2 個と数えられるので「a flask」と「a」がついたり「flasks」と複数になりますが，フラスコ，ビーカー，ガラス管などを組み合わせて作り上げる装置（equipment）は無冠詞で常に単数扱いです（不可算名詞）．「an」はつきませんし，「equipments」のような複数形にもなりません．

【note 2】「equipment for the distillation of a solvent」で「distillation」の前に「the」が付いている理由はもうおわかりですね？　そう，「単に」蒸留という分離方法を指しているのではなく，「溶媒の」蒸留と前置詞の「of」で限定されているからです．同様に「solvent」に「a」が付いているのは，何か特殊な溶媒（あるいは書き手と読み手が共通にイメージすることのできる「あの」溶媒ではなく，どれでも良い「ある 1 つの」溶媒だからなのですね．

【note 3】動詞から派生する名詞を使う場合，動名詞を使うこともできます．今回の例で言えば，「purify」（浄化する）の名詞として「purification」の他に「purifying」という動名詞も使うことができます．実際に「A water purifying system」という複合名詞も「A water purification system」と同様に使われています．

第 21 講　リーディング

大学の物理化学：量子化学

　第 2 講～第 4 講では，小学生～高校生レベルの化学の内容の英語を読みました．ここからは，いよいよ大学で学んでいく化学の内容に踏み込んでいきましょう．

　高校では，原子は原子核（陽子＋中性子）と電子からできていて，プラスの電荷を持つ原子核のまわりをマイナスの電荷を持つ粒子状の電子が周回していると学びました．

　しかし実際は原子中で電子は粒子の形で存在しているのではないのです．マイナスの電荷はオービタル（orbital）と呼ばれる，あるエネルギーレベルを持つ領域に電子雲として分布しているのです．オービタルはシュレーディンガー方程式（Schrödinger equation，波動方程式（wave equation）とも呼ばれる）を解くことによって波動関数（wave function）として得られます．量子化学の授業でまず最初に登場するのがおそらくオービタルでしょう．

　余談ですが，以前は日本の高校でもオービタルを教えていたのですが，現在の指導要領には含まれていません．一方海外では多くの高校でオービタルを教えているとのことです．

　それでは，「The Penguin Dictionary of Chemistry」【note 1】の原子オービタル（atomic orbital）とオービタル（orbital）の項をそれぞれ読んでみましょう．（英文を精読するコツを第 24 講 Tea Time で説明しているので，そちらも参考にしてみてください．）

---

atomic orbital

The energy levels of electrons in an atom which may be described by the four *quantum numbers*. In wave mechanics, the energy of a particular system may be described by the SCHRÖDINGER EQUATION and the wave function Ψ_{nlm} may be

110　　　第21講　大学の物理化学：量子化学

used to represent a solution of the wave equation in terms of these quantum numbers. Wave functions may be used to describe electron distribution and are thus sometimes referred to as atomic orbitals.

　The wave function Ψ_{100} ($n = 1$, $l = 0$, $m = 0$) corresponds to a spherical electronic distribution around the nucleus and is an example of an s orbital. Solutions of other wave functions may be described in terms of p, d and f orbitals.　　　　　　　　　　　　　　(The Penguin Dictionary of Chemistry, p.36)

orbital

Loosely used to describe the geometrical figure which describes the most probable location of an electron. More accurately an allowed energy level for electrons. See ELECTRONIC CONFIGURATION.　　　　　(Id., p.286)【note 2】

■ 単語リスト

electron　電子／describe　記載する／quantum number　量子数／wave mechanics　波動力学／in terms of ～　～の観点から／distribution　分布／be referred to as ～　～とよばれる／correspond to ～　～に相当する／spherical　球形の／nucleus　核／loosely　大まかに／geometrical　幾何学的な／figure　図形／location　位置／accurately　正確に／configuration　配置／path　進路／region　領域

　いかがでしたか？　ここで重要なのは，「orbital（オービタル）」と「orbit（軌道）」とを混同しないこと．これらは全くの別物です．

　　　orbit…**The path** of an electron as it moves around the nucleus of an atom.
　　　orbital…A region in which an electron **may be found** in an atom.

「orbit」は，例えばボーアの原子モデルのように，電子が原子核のまわりを周回するときに通る道（軌道）のこと．一方「orbital」は原子中で，ある電子が発見される（存在する）であろう領域のこと．つまり，電子の存在確率の最も高い位置を幾何学的に図示して表現したものです．より正確には電子の取り得るエネルギー準位を言います．

　水素原子を例にすると，ボーアの原子モデルでは，電子が原子核のまわりを1

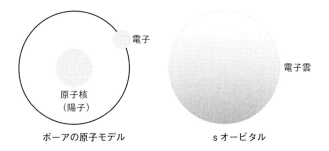

つの軌道に沿って周回していますが，エネルギー準位の一番低いsオービタルは，原子核のまわりを球形の雲のように包み込んでいます．

　さて，2個の水素原子が結合して生じた水素分子を考える時，電子が存在するのは分子オービタルと呼ばれる領域です．分子オービタルは結合に関与する原子オービタルの総数と同じ数だけ生まれます．その中の「結合性分子オービタル」(bonding molecular orbital) というのが，高校で習った「共有結合」に相当するのです．

molecular orbitals (MO)

The electronic orbitals which belong to a group of atoms forming a molecule. The orbitals may be bonding, anti-bonding or non-bonding according to whether the presence of an electron tends to bond the molecule together, to cause disruption of the molecule or to have no bonding effect on the molecule. The total number of molecular orbitals must be equal to the total number of atomic orbitals used in the bonding. In general only outer electrons need be considered for molecular orbitals. (Id., p.260)

単語リスト

according to 〜　〜にしたがって／presence　存在／disruption　解離／outer electron　外殻電子／consider　考慮する

　ところで，2個の水素原子を例に用いた分子軌道法の英語の解説（「A Brief Introduction to Molecular Orbital Theory」）がYouTubeにアップロードされて

います.　▶ https://www.youtube.com/watch?v=PEhe1zV5Bps
　ちなみに，ここでは電子が核のまわりを回っているような動画になっていますが，それはオービタルの中で電子が動いている有様をわかりやすく見せるためであって，実際には電子は円軌道を描いて回転しているわけではない，とナレーションで断りが入っています.

原子オービタル（軌道関数）　atomic orbital

　本来は「軌道」は orbit の訳なので，orbital は軌道関数のほうがいいのだが，通常は混用されて原子軌道とも言われている【note 3】．原子中の電子のエネルギーレベルのことで，4つの量子数により記載することができる．波動力学では，ある系のエネルギーはシュレーディンガー方程式で記載することができ，波動関数 Ψ_{nlm} はこれらの量子数を用いた波動方程式の解を表すのに使用することができる．波動関数は電子分布を記載するのに用いられ，そのため原子軌道と呼ばれることもある．波動関数 Ψ_{100}（$n = 1, l = 0, m = 0$）は核の周りの球面的電子分布に相当し，s 軌道の例である．そのほかの波動関数の解もまた p 軌道，d 軌道，f 軌道という観点から記載することができる．　　　（「ペンギン化学辞典」，164 ページ）

オービタル（軌道関数）　orbital

　電子の存在確率の最も高い位置を幾何学的に図示して表現したものを指すが，より正確には電子の取り得るエネルギー準位をいう．→電子配置
（同，85，86 ページ）

分子オービタル　molecular orbitals（MO）

　分子を形成する一群の原子に属する電子オービタル．そのオービタルに電子が存在することが分子を保持する寄与を持つか，分子を解離させる傾向にあるか，あるいは結合に対して影響を及ぼさないかによって，オービタルは結合性，反結合性または非結合性となる．分子オービタルの数は結合に関与する原子オービタルの総数に一致する．通常は，分子オービタルには外殻電子のみを考慮すればよい．
（同，439 ページ）

【note 1】用語解説は，主に「The Penguin Dictionary of Chemistry, third edition」（D. Sharp ed., Penguin Books, 2003）を参考にしました．この本はその「Preface」（序文）に「The Dictionary is intended for use in schools, colleges, and universities from the first study of the subject up to about the second year at University.」とあるように，イギリスの高校生から大学の 1, 2 年次ぐらいの学生さんたちを対象に書かれているので，本書の読者の皆さんにぴったりの辞典だと思います．ちなみにこれを全訳した「ペンギン化学辞典」が朝倉書店から出版されています．

【note 2】「Id.」とはラテン語の「idem」（同上）（英語としての読み方は［áidem]）で，ここでは出典が同じくペンギンの辞書だということを表しています．この他にもよく使用される略号については，付録「数，単位，略号について」にまとめました．

【note 3】日本の読者のために必要に応じて山崎先生の解説が加筆されています．

第 22 講　リーディング

大学の無機化学：錯体化学

　無機化学者として最初のノーベル賞に輝いたのはスイスの化学者アルフレート・ヴェルナー（Alfred Werner）です．彼はそれまで構造が明らかでなかった，そのため複雑（complex）な化合物（compound）と考えられていた錯体（complex compound）が，配位結合（coordination bond）による配位化合物（coordination compound）であることを突き止め，その八面体構造（octahedral structure）を初めて明らかにし，第 13 回ノーベル化学賞を受賞しました．

　それではヴェルナーと錯体についての文章を読んでみましょう．

A metal complex consists of a central metal atom (or ion) bonded to one or more ligands (from the Latin *ligare*, meaning "to bind"). The ligands (ions or small molecules) contain one or more pairs of electrons shared with the metal. Metal complexes can be found everywhere around us. Examples include hemoglobin, an iron complex that transports oxygen in our blood; chlorophyll, a magnesium complex that is present in most plants and is responsible for the absorption of light energy during photosynthesis; and phthalocyanine blue, a complex of copper with phthalocyanine, which is a bright, crystalline, synthetic blue pigment used for inks, coatings and many plastics.

　Alfred Werner developed the basis for modern coordination chemistry. In 1893, Werner proposed correct structures for coordination compounds in which a central transition metal atom (ion) is surrounded by neutral or anionic ligands. For example, it was known that cobalt forms a "complex" hexamminecobalt (III) chloride, with formula $CoCl_3 \cdot 6NH_3$, but the nature of the association indicated by the dot was unclear. Werner proposed the structure $[Co(NH_3)_6]Cl_3$, where the central Co^{3+} ion is surrounded by six NH_3 molecules at the vertices of an octahedron, and three Cl^- are dissociated as free ions. Werner confirmed the presence of the free ions by measuring the conductivity of the compound in aqueous solution. He won the Nobel Prize in Chemistry in 1913 for proposing the octahedral configuration of transition metal complexes.

The $[\text{Co}(\text{NH}_3)_4\text{Cl}_2]^+$ ion can have two different arrangements of the ligands, resulting in different colors: if the two Cl⁻ ligands are next to each other (cis), the complex is red (left), but if they are opposite each other (trans), the complex is green (right).

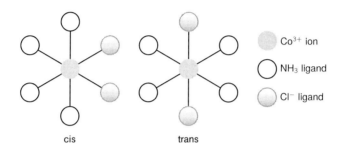

比較的読みやすい文章だったと思います．下記の単語リストを参照しながら，自分の言葉で内容をまとめてみましょう．

単語リスト

metal complex　金属錯体／ligand　リガンド（配位子）／Latin　ラテン語／examples include ～　例としては～が含まれる（「例えば」とか「例をあげると」と訳すとぴったりくることが多い）／hemoglobin　ヘモグロビン／transport　運搬する／chlorophyll　クロロフィル／phthalocyanine　フタロシアニン／coordination chemistry　錯体化学（配位化学）／coordination compound　配位化合物／transition metal　遷移金属／complex ion　錯イオン／be surrounded by ～　～に取り囲まれる／"complex"「複雑な」（錯体の分野で「complex」は「錯」を表すが，もともと「複雑な」という意味）／hexamminecobalt(III) chloride　ヘキサアンミンコバルト(III)塩化物／formula　化学式／vertice　頂点／octahedron　八面体／dissociate　解離する／free ion　自由イオン／conductivity　電導度／precipitation　沈殿／configuration　空間配置（構造）／arrangement　配置，配列／property　性質，物性／result in ～　～をもたらす／next to each other　互いに隣り合わせ／cis　シス（配列）／lower left　左下／opposite each other　互いに向かい合わせ／trans　トランス（配列）／lower right　右下

116　　　　　第22講　大学の無機化学：錯体化学

　100人いれば100通りの訳が可能ですが，内容を確認するための参考として翻訳例をあげておきます．

　金属錯体は，1つ以上のリガンド（ラテン語で「結合する」を意味する「ligare」由来）と結合している中央の金属原子（またはイオン）からなっている．このリガンド（イオンまたは小分子）は先の金属原子（またはイオン）と共有する1つ以上の電子対を含有している．金属錯体は身のまわりのどこにでも見出すことができる．例をあげると，われわれの血液中で酸素を運搬する鉄錯体であるヘモグロビン，ほとんどの植物中に存在し，光合成で光のエネルギーを吸収する役割を持つ，マグネシウム錯体のクロロフィル，そしてフタロシアニンと銅の錯体であるフタロシアニンブルーがなどがある．このキラキラ輝く結晶性の青い合成顔料はインク，コーティング，そして多くのプラスチックに使用されている．
　アルフレート・ヴェルナーは現代の錯体化学の基礎を築き上げた．1893年，ヴェルナーは中心の遷移金属原子（イオン）が中性または陰イオン性のリガンドによって取り囲まれているという，配位化合物の正しい構造を提唱した．例えば，コバルトが化学式 $CoCl_3 \cdot 6NH_3$ で表される「複雑な」ヘキサアンミンコバルト (III) 塩化物を形成することは知られていたが，この中黒（・）が示す結びつきがどのようなものであるかは不明であった．ヴェルナーは中央の Co^{3+} イオンが八面体の頂点に位置する6個の NH_3 分子によって取り囲まれており，3つの Cl^- が自由イオンとして解離している構造 $[Co(NH_3)_6]Cl_3$ を提唱した．彼は，水溶液中でのこの化合物の電導度を測定することによって，自由イオンの存在を確認した．1913年，ヴェルナーは遷移金属錯体の八面体構造を提示したことによりノーベル化学賞を受賞した．
　$[Co(NH_3)_4Cl_2]^+$ イオンには2種類のリガンドの配置があり，それぞれ色が異なる．2個の Cl^- リガンドが隣り合わせ（シス）であれば錯体は赤（左）であるが，これらが相対する（トランス）位置にあると，錯体は緑（右）になる．

　最後に辞書による錯体（complex）の解説を読んでみましょう．

---

complex

Any compound in which the bonding is by interaction of the electrons of the

117

donor with empty orbitals of the acceptor. In some complexes the electron flow may take place in both directions simultaneously — see BACKBONDING. The interaction may take place between charged or uncharged species.

Where the structure is known, a complex species comprising the acceptor and its ligands is formulated within square brackets, e.g. $[Co(NH_3)_6]Cl_3$. Bridging ligands are designated μ-L, e.g. $Fe_2(CO)_9$ is $[(OC)_3Fe-(\mu-CO)_3Fe(CO)_3]$. Hapto designates the number of ligand atoms actually bonded to the acceptor, e.g. $[(h^5-C_5H_5)Mn(CO)_3]$ has 5 carbon atoms (plus 3 carbonyls) bonded to manganese. (The Penguin Dictionary of Chemistry, p.99)

錯体　complex

ドナーの電子対とアクセプタの軌道との相互作用により結合が生じている化合物. 錯体の中には電子の流れが両方向へ同時に起こっているものもある（→逆供与結合）. この相互作用は電荷を持つ, 持たないにかかわらず生じる.

構造がわかっている場合, 例えば $[Co(NH_3)_6]Cl_3$ のように錯体を構成するアクセプタとその配位子部分を $[\ \ ]$ の中に入れて記載する. 架橋配位子は μ-L と表す. 例えば $Fe_2(CO)_9$ は $[(OC)_3Fe-(\mu-CO)_3Fe(CO)_3]$ となる. ハプト (η) はそのアクセプタに実際に結合しているリガンド原子の数を表す. 例えば $[(\eta^5-C_5H_5)Mn(CO)_3]$ はマンガンに5個の炭素原子（と3個のカルボニル）が結合している. 　　　　　　　　（「ペンギン化学辞典」, 188 〜 189 ページ）

第 23 講　リーディング

大学の有機化学：反応有機化学

　有機化学の歴史を振り返ると，初期の有機化学では反応についての事実が膨大に集積されるだけで，なぜ，どのように反応が進むのか？という理論が欠けていました．（反応は暗記するもので，理解するものではなかったという点は，高校の化学と同じですね．）20世紀前半に登場した有機電子論【note 1】のおかげで，種々の反応が統一的に理解されるようになり，現在では，量子力学を取り入れたさらに精密な理論が生まれています【note 2】．が，電子論もまだまだ現役です．大学では，反応有機化学という分野で，有機化学反応機構を学びます．

　ここでは「求核置換反応（nucleophilic substitution reaction）」についての文章を読んでみましょう．

S_N1 (nucleophilic substitution unimolecular) and S_N2 (nucleophilic substitution bimolecular) reactions

S_N1 and S_N2 reactions are reaction mechanisms proposed in 1940. Here, S stands for chemical substitution, N stands for nucleophilic, and the number represents the kinetic order of the reaction, i.e. the number 1 shows that the rate-determining step is unimolecular reaction, and the number 2 shows that the rate-determining step is bimolecular reaction.

　In the S_N2 reaction, the addition of the nucleophile (:Nuc) (i.e. a nucleophilic reagent which acts by donating or sharing their electron pair) and the elimination of the leaving group (X) take place simultaneously (step 1), through a transition state in which the carbon under the nucleophilic attack* is 5-coordinate (i.e. in the 5-coordinate intermediate, both X and Nuc are bonded to the same carbon of R).

$$R - X + :Nuc \longrightarrow R - Nuc^+ + X^- \qquad ...step 1$$

where R may be an alkyl, aryl, etc., and X and Nuc may be a wide variety of both inorganic and organic anions : in addition Nuc may be an uncharged compound with an unshared electron pair, e.g. amines, water.

On the contrary, the S_N1 reaction involves two steps : the separation of the leaving group (X^-) (step 2), and the recombination of the carbocation (R^+) with the nucleophile (:Nuc) (step 3).

$$R - X \longrightarrow R^+ + X^- \qquad \text{...step 2}$$
$$R^+ + :Nuc \longrightarrow R - Nuc^+ \qquad \text{...step 3}$$

For a S_N2 reaction, an aprotic solvent such as acetone, DMF, or DMSO, is best, since those aprotic solvents do not release protons (H^+ions), which would react with the nucleophile and severely limit the reaction rate.

*A nucleophilic attack is a chemical process by which an electron-rich atom rapidly forms a new bond with an electron-poor atom or positive ion. Electron-rich atoms are strongly attracted to the nuclei of other atoms, which is why they are nucleophilic.

単語リスト

nucleophilic　求核性を持つ，求核的／ substitution　置換／ unimolecular　1分子の／ bimolecular　2分子の／ mechanism　機構／ stand for ～　～の略である／ kinetic order　反応次数／ rate-determining step　律速段階／ nucleophile　求核試薬／ leaving group　脱離基／ take place　生じる／ simultaneously　同時に／ transition state　遷移状態／ attack　攻撃／ 5-coordinate　5配位／ intermediate　中間体／ uncharged　電荷を持たない／ involve　関与する／ recombination　再結合／ carbocation　カルボカチオン／ aprotic　非プロトン性の／ acetone　アセトン／ DMF　dimethylformamide, ジメチルホルムアミド／ DMSO　dimethyl-sulfoxide, ジメチルスルホキシド／ limit　制限する／ rate　速度【note 3】

S_N1（1分子求核置換）反応と S_N2（2分子求核置換）反応

S_N1 反応および S_N2 反応は 1940 年に提唱された反応機構である．ここで S は「substitution（置換）」の略であり，N は「nucleophilic（求核）」の略，数字は反応次数を表している（つまり，数字が 1 であればその反応の律速段階が 1 分子反応であること，数字が 2 であれば，律速段階が 2 分子反応であることを示している．）

S_N2 反応では，求核試薬（:Nuc，自らの持つ電子対を供与あるいは共有する性質を持つ）の付加と脱離基（X）の脱離が同時に起こる（ステップ1）．この時に求核攻撃*を受けた炭素は5配位の遷移状態を経る（すなわち，この5配位の中間体においては，X と Nuc の両方が R 中の同じ炭素原子に結合している）．

$$R - X + :Nuc \longrightarrow R - Nuc^+ + X^- \qquad \cdots ステップ1$$

ここで，R はアルキル，アリールなど，X と Nuc は非常に多岐にわたる無機アニオンや有機アニオンから選ぶことができる．さらに Nuc はアミン類や水など，非共有電子対を持つ，無電荷の化合物であっても良い．

他方，S_N1 反応では2つのステップが関与する．脱離基（X^-）の分離ステップ（ステップ2）とカルボカチオン（R^+）が求核試薬（:Nuc）と再結合するステップ（ステップ3）である．

$$R - X \longrightarrow R^+ + X^- \qquad \cdots ステップ2$$

$$R^+ + :Nuc \longrightarrow R - Nuc^+ \qquad \cdots ステップ3$$

S_N2 反応に対しては，アセトン，DMF，あるいは DMSO などの非プロトン性溶媒が最適である．それは，これらの非プロトン性溶媒が，求核試薬と反応し反応速度を大きく制限してしまう恐れのあるプロトン（水素イオン）を発生しないからである．

---

*求核攻撃とは，電子に富む原子が電子不足の原子やカチオンと急速に新しい結合を形成する化学プロセスのこと．電子に富む原子は他の原子の核に強く引きつけられるが，それゆえ求核性をもつ．

【note 1】有機電子論（electronic theory of organic chemistry）では有機化合物を構成する各原子の電子に注目し，静電相互作用と価電子により，化学結合の性質や反応機構を説明します．

【note 2】福井謙一博士が提唱した，フロンティア軌道理論．この業績により，福井博士は 1981 年のノーベル化学賞を受賞しました．

【note 3】rate には率，割合という意味の他に速度という意味があることに注意．rate of reaction は「反応速度」．他にも rate of acceleration（加速度）などがあります．

第 24 講　リーディング

大学の生物化学：分子生物学

　生命現象を分子を使って理解しようとする学問，分子生物学は，1953 年のワトソン，クリックによる DNA の二重らせん構造の発見により，本格的に始まったとされています．

　DNA（deoxyribonucleic acid）については，それが二重らせん構造を持ち，アデニン（adenine），チミン（thymine），グアニン（guanine），シトシン（cytosine）という 4 種類の核酸塩基（nucleobase）のうちの 1 つと，リン酸（phosphate）と，デオキシリボース（deoxyribose）とからなっている，という基本的な事実を高校の生物の時間に習ったと思います．

　ここでは，さらに詳しい DNA の構造についての解説を読みましょう．（この文章は英語版 Wikipedia の「DNA replication」の文章を改変したものです．

DNA exists as a double-stranded structure, with both strands coiled together to form the characteristic double-helix. Each strand of DNA is a chain of four types of nucleotides containing a deoxyribose, a phosphate, and a nucleobase. The four types of nucleotide correspond to the four nucleobases, i.e., adenine (A), cytosine (C), guanine (G), and thymine (T).

These nucleotides form phosphodiester bonds, creating the phosphate-deoxyribose backbone of the DNA double helix with the nucleobases pointing inward (i.e., toward the opposing strand). Nucleotides are matched between strands through hydrogen bonds to form base pairs. Adenine pairs with thymine, and cytosine pairs with guanine.

DNA strands have a directionality, and the two ends of a single strand are called the "3′ end" and the "5′ end" respectively 【note 1】. These strands are anti-parallel with one being 5′ to 3′, and the opposite strand 3′ to 5′. The terms 3′ and 5′ refer to the carbon atoms in deoxyribose to which phosphates in the chain attach.

Phosphodiester (intra-strand) bonds are stronger than hydrogen (inter-strand) bonds, therefore the strands can be separated from one another. The nucleotides on a single strand can be used to reconstruct nucleotides on a newly synthesized partner strand.

単語リスト

double-stranded　二本鎖の／strand　ストランド／coil　らせん状に巻く／characteristic　特徴的な／double-helix　二重らせん／single strand　一本鎖／nucleotide　ヌクレオチド／deoxyribose　デオキシリボース／phosphate　リン酸基／nucleobase　核酸塩基／correspond to ～　～に対応する／adenine　アデニン／cytosine　シトシン／guanine　グアニン／thymine　チミン／phosphodiester　ホスホジエステル（リン酸ジエステル）／backbone　主鎖／point　（～の方向を）向く／inward　内側へ／opposing　相対する／be matched　マッチングする／through ～　～を通じて／hydrogen bond　水素結合／base pair　塩基対／pair　ペアになる／directionality　方向性（direction は「方向」）／end　末端／3′ end　3′ 末端／anti-parallel with ～　～と逆平行／opposite　反対側の／term　（専門）用語／information　情報／intra-strand　ストランド内の／inter-strand　ストランド間の／therefore　したがって／synthesize　合成する／partner strand　相手がたの（ペアとなる）ストランド

　DNA は二本鎖構造で存在する．2 本のストランド（鎖）は一緒にらせん状に巻かれて，特徴的な二重らせんを形成している．DNA のそれぞれのストランドは，デオキシリボース，リン酸，そして核酸塩基からなる 4 種類のヌクレオチドが形成している鎖である．この 4 種類のヌクレオチドは 4 つの核酸塩基，すなわち，アデニン（A），シトシン（C），グアニン（G），チミン（T）に対応している．

　これらのヌクレオチドはリン酸ジエステル結合を形成し，核酸塩基が内側（つまり相対するストランドの方を）向いた DNA 二重らせんのリン酸デオキシリボース骨格を生成している．ヌクレオチドは両ストランド間で水素結合によりマッチングし塩基対を形成している．アデニンはチミンとペアを作り，シトシンはグアニンとペアになる．

　DNA のストランドには方向性があり，1 本のストランドの 2 つの端はそれぞれ「3′ 末端」と「5′ 末端」と呼ばれている．これらのストランドは逆平行になってい

て，一方が 5′ → 3′ であれば反対側のストランドは 3′ → 5′ である．3′ や 5′ という用語は，デオキシリボース中のどの炭素原子に鎖の中のリン酸が結合しているのかを示している．

　リン酸ジエステル（ストランド内）結合は水素（ストランド間）結合よりも強いため，ストランドは互いに分離できる．1本のストランド上にあるヌクレオチドを利用してヌクレオチドを再構築することで，新しいストランドを合成することができる．

　復習として，「Stated Clearly」というウェブサイトのアニメーションビデオを見てみましょう．最初はテキストを見ずに 2, 3 回聞いてみて，大体の話の筋がつかめれば素晴らしいです．100％完全に理解できなくても大丈夫．スクリプトが付いているので，不明なところはテキストで確認することもできます．「What is DNA and How Does it Work?」や「What Exactly is a Gene?」などが今回のテーマに近いと思います． ▶ http://statedclearly.com/

【note 1】the "3′ end" and the "5′ end" の読み方に注意してください．
　　　日本語で「′」は「ダッシュ」と読みますが，英語では「prime」（プライム）です．

= Tea Time =

精読するための 3 つのステップ

ところで，英文を精読する上で，重要なことは何でしょう？
私は次の 3 つのステップをきちんと踏んでいくことだと思います．
1) まず単語の意味として適切なものを選ぶこと
2) 文の構造を正しく理解すること
3) その文章の背景を知ること．

英文を読んだ時に，すっと意味が理解できるのであれば，何も言うことはありません．英文の意味がなかなか取れない．大体わかるのだけど，いまひとつ意味がはっきりしない．そういう時に，この 1 〜 3 までのステップを踏んで読み解くことが役に立ちます．

ステップ 1　単語の意味として適切なものを選ぶ
簡単なようで，これがなかなか難しく，文の意味が取れない原因になっていることも

多いのです．本書では各講に出てくる全ての単語（ただし中学レベルのものは省く）について，そこで使われている意味だけをリストアップした単語リストを用意しました．複数の訳語がある単語であっても，ここで使われている意味だけに絞って掲載しているので，一読して英文の意味が取れなかった時には，この単語リストを利用して，もう一度英文を解釈してみてください．馴染みのある単語であっても，その文脈で使われている意味を知らない場合もあるでしょう．（これはステップ3とも密接に関係しています．）また，英和辞典だけに頼るのを卒業し，英英辞典を使うこともオススメです．まずは，その文脈におけるその単語の意味を正確に知ること．それが精読の第一歩です．

ステップ2　文法知識を利用する

　英語が母語である人にとっては文法の知識など必要ないかもしれません．が，外国語として英語を学んでいる私たちにとって「文法」は正しく英語を理解する上で大変役に立つ貴重な存在です．

　それでは，比較的長い文を例に，実際に文法を使った文の分析をやってみましょう．次にあげるのは，本講121ページ掲載の文章の中の一文です．

> These nucleotides form phosphodiester bonds, creating the phosphate-deoxyribose backbone of the DNA double helix with the nucleobases pointing inward (i.e., toward the opposing strand).

まず，この文の中の動詞を見つけます【note 1】．動詞（V）の可能性があるのは，form / creating / pointing の3語ですが，creating は現在分詞（分詞構文），pointing も形容詞として働いている現在分詞なので，除外します．（もしこれらの現在分詞が動詞として働いているのであれば，必ず be 動詞（ここでは is または are）も存在するはずです．）

　さて，この文の動詞（V）が form だとすると，その前の「These nucleotides」は主語（S），form の次に来る「phosphodiester bonds」は動詞の目的語（O）になります．つまり，この文は S + V + O（第三文型）です．

　主語，動詞，目的語だけを日本語に訳すと，「これらのヌクレオチドはリン酸ジエステル結合を形成する」となります．

　次に現在分詞「creating」ですが，この分詞構文は「thereby」（前の文の意味を受けて，それによって，と続く）を補って考えると，意味が取りやすくなります．create の目的語は「the phosphate-deoxyribose backbone of the DNA double helix」です．

　「（それによって）この DNA 二重らせんのこのリン酸デオキシリボース骨格を生成し」となります【note 2】．

　さてそのあとに続く with ですが，ここでは「持っている」という意味です．最後の

「pointing」は「nucleobases」を修飾する現在分詞で，形容詞の働きをしています【note 3】．この部分を日本語に訳すと「内側（つまり相対するストランドの方）を向いた核酸塩基を有している」となります．

以上を総合すると「これらのヌクレオチドはリン酸ジエステル結合を形成し，核酸塩基が内側（つまり相対するストランドの方を）向いた，DNA 二重らせんのリン酸デオキシリボース骨格を生成している」となります．

いかがでしたか？

単語の意味がわかっても，文全体の意味がいまひとつはっきりしない時というのは，あたかもコンタクトを忘れてしまってぼんやりとにじむ文字を苦労しながら読んでいるようなもの．そんな時に「メガネ」を渡されて一気に一つ一つの文字がくっきり読める時の感動！　そんな「メガネ」の役割を果たすのが「文法」です．文法は 100％自信を持って英文が読めるようになるための大切なツールなのです．

さて，文法力を高めるためには，まず本書の第 12 講〜第 20 講までをお読みいただきたいと思います．さらに必要に応じて，何か文法書を 1 冊読まれるといいと思います．急がば回れ．文法力を身につけておくことは，そののちの英文読解力の大きな伸びにつながります．

ステップ 3　その文章の背景を知ること

このステップは「化学英語」で言えば「英語」のレベルではなく「化学」のレベルを引き上げることに相当します．知らない専門用語が出てきたら「化学辞典」で調べるなり，インターネットを利用して情報を得るなりしながら知識を増やしていきましょう．化学の知識が増えていくこと，それに加えて英語を読むのに慣れていくことで，着実に化学英語の力がついていきます．

【note 1】さらに詳しくは第 13 講「長い文では動詞にまず注目」を参照．
【note 2】ここで「この」を繰り返すのは，日本語として不自然に思えるかもしれません．最終的には自然な日本語に戻すとしても，文中に「the」が出てきたら，まず「この」と訳してみる習慣をつけましょう．その英文を書いている人は必ず「a」と「the」を区別して書いているのです．それを読む私たちもその区別に注意を払うことが重要です．
【note 3】さらに詳しくは第 17 講を参照．

第 25 講　リーディング

大学の分析化学：分光学

　　1870 年，メンデレーエフは当時まだ未知の元素であったガリウム（gallium）の存在を予言し，さらにこの元素が分光器（spectroscope）により発見されるだろうと予想しました．その 5 年後の 1875 年，フランスの化学者ポール・エミール・ルコック・ド・ボワボードラン（Paul Emile Lecoq de Boisbaudran）は，閃亜鉛鉱（sphalerite）のスペクトルの中に特徴的な 2 本の紫色の線を発見し，ガリウムの存在を初めて明らかにしたのです．

　　分光学（分光法，spectroscopy）の歴史はプリズムなどの光学素子が発達してきた 17 世紀に始まります．「スペクトル（spectrum / spectra）」【note 1】という言葉を初めて使ったのは，プリズムで太陽光を 7 色に分解したアイザック・ニュートン（Issac Newton）でした．

　　さて，皆さんが大学の実験で扱う分光計は主に赤外（infra-red）分光計と紫外可視（ultraviolet-visible）分光計の 2 つでしょう．赤外分光計では赤外線を，紫外可視分光計では紫外線／可視光線を試料に照射し，透過（あるいは反射）した光を測定して試料の構造解析や定量を行います．

　　では，まず赤外線分光学についての解説を読みましょう．

infra-red spectroscopy

Vibrations within molecules show characteristic absorption bands in the infra-red region of the spectrum. Infra-red spectroscopy provides valuable information about structure, and gives information on groups present and on molecular symmetry. The technique has been highly developed and is widely used as a routine tool in analysis and research.

(The Penguin Dictionary of Chemistry, p.212)

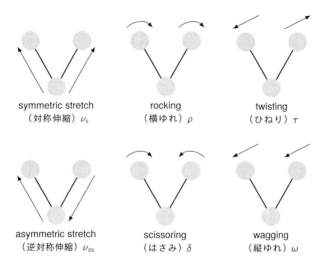

「分子内の振動 (vibrations within molecules)」とはその分子を構成している原子間の化学結合の振動(伸縮振動 (stretching vibration) と変角振動 (bending vibration))を指します.

単語リスト

molecule 分子／ characteristic 特徴的な／ absorption 吸収／ region 領域／ spectrum スペクトル／ provide 提供する／ valuable 貴重な／ group （官能）基／ molecular symmetry 分子の対称性／ routine 習慣となっている，いつもの／ analysis 分析

では，振動スペクトルについて，さらに詳しく見てみましょう.

vibrational spectrum

When a molecule absorbs energy, the vibrational energy of the constituent atoms relate to each other may be increased. Conversely, when a transition occurs from a higher vibrational level to a lower one, it corresponds to the emission of energy, generally as radiation of frequency v, where the energy loss E is related to v by the equation $E = hv$. Vibrational transitions, usually associated with simultaneous rotational transitions, occur in the IR and near IR, and give rise to bands characteristic of the vibrational and rotational changes.

The vibrational-rotational spectrum may consist of a number of branches characteristic of the molecule. Overtones $2v$, $3v$ etc. are also observed.

(The Penguin Dictionary of Chemistry, p.420)

　赤外および近赤外領域で生じる振動遷移は官能基ごとに特有の吸収帯を示し（チャート上にピークが現れ）ます．したがってこのピークの位置（通常波長の逆数である波数（単位は cm^{-1}）で表される）から，その分子にどのような官能基が含まれているかを知ることができるのです．

単語リスト

constituent　構成要素である／ relate to 〜　〜に関連する／ conversely　逆に／ transition　遷移／ occur　生じる／ correspond to 〜　〜に相当する／ emission 放出／ radiation　放射（エネルギー）／ frequency　振動数／ be associated with 〜　〜を伴う／ simultaneous　同時に／ rotational　回転の／ give rise to 〜　〜を生じる／ consist of 〜　〜からなる／ overtone　倍音／ observe　観察する

　それでは，紫外可視分光法では何を調べるのでしょうか？

Ultraviolet-visible spectroscopy is based on the principle that electronic transitions in molecules occur in the visible and ultraviolet regions of the electromagnetic spectrum. It is used in analytical chemistry for quantitative determination of chemical species such as transition metal ions and conjugated organic compounds.

　電子遷移（electronic transitions）とは1つのオービタルから別のオービタルへ電子が移動すること．そのときに吸収するエネルギーは紫外領域から可視光領域に相当します．したがって紫外可視分光法を使うと，遷移金属（transition metal）イオン（多くは着色している，すなわち可視光領域にピークを持つ）や共役二重結合を持つ有機化合物（conjugated organic compound）（多くは紫外領域にピークを持つが，長い共役系のものは可視光領域にピークを持つものもある）の同定や定量分析をおこなうことができるのです．その物質の吸収が紫外領域にある場合，その物質は無色ですが，可視領域にあれば，そのエネルギーに対応する波長（単位は nm）に応じて，私たちの目には青緑（750 nm）〜黄（400 nm）に見えるのです【note 2】．

electronic transition

In an atom or molecule the electrons have certain allowed energies only (orbitals). If an electron passes from one orbital to another, an electron transition occurs and there is emission or absorption of energy corresponding to the difference in energy of the two orbitals. Observed transitions may be modified by vibrational and rotational transitions.

(The Penguin Dictionary of Chemistry, p.147)

単語リスト

principle　原理／ electromagnetic spectrum　電磁スペクトル／ quantitative　定量的／ determination　決定（quantitative determination ＝定量）／ chemical species　化学種／ certain　ある／ modify　変化させる

・赤外分光のまとめ

分子内の化学結合の振動（伸縮／変角）により吸収されるエネルギーは赤外領域にあり，赤外スペクトルのピークの位置から，その分子に含まれる官能基がわかる．

・紫外可視分光のまとめ

分子の外殻電子が1つのオービタルから別のオービタルへと移る電子遷移に伴って吸収されるエネルギーは紫外可視領域にあり，遷移金属イオンや共役二重結合を持つ有機化合物の同定や定量分析に利用される．UV-Vis スペクトルのピークが可視領域にある場合，ピークの位置はその物質の補色に対応する．

赤外線分光学　infra-red spectroscopy

単に赤外分光と略することも多い．分子内の振動は赤外線領域に特有の吸収帯を示す．赤外分光は構造研究に有用で，特定の基の存在や分子の対称性に関する情報を提供する．この手法は開発が進み，分析や研究のルーチンとして広く用いられている．　　　　　　　　　　　　　　　　（「ペンギン化学辞典」，262ページ）

振動スペクトル　vibrational spectrum

　分子がエネルギーを吸収すると構成原子の分子内振動エネルギーが増加することがある．逆に高い振動状態から低い状態への遷移が起こるとエネルギーが放出される．この時発生する電磁波の振動数 v は放出されるエネルギー E と $E = hv$ という関係にある．振動遷移は通常回転遷移を伴い，赤外–近赤外領域のエネルギーで起こり，特徴的な振動回転遷移による吸収帯が見られる．振動回転スペクトルは分子に固有の複数の分枝からなる．倍音 $2v$，$3v$，…も観測されることがある．

（同，244 ページ）

電子遷移　electronic transition

　原子や分子において，電子は許されたエネルギー値のみをとる．電子があるオービタルから別のオービタルへと移るとき，電子遷移が起こり，2つのオービタルのエネルギー差に対応するエネルギーの吸収や放出を伴う．観測される遷移には振動や回転遷移の影響が見られることもある．　　　　（同，324 ページ）

【note 1】「spectrum」の複数形が「spectra」であることに注意．同様に複数形が不規則な名詞としてはデータ（datum / data），核（nucleus / nuclei），細菌（bacillus / bacilli），焦点（focus / foci），菌類（fungus / fungi），軌跡（locus / loci），刺激（stimulus / stimuli），終端（terminus / termini）など．

【note 2】波長が750 nm の光は赤，400 nm の光は紫です．ある物質が白色光から波長750 nm の赤い光を吸収する時，私たちの目には赤の補色である青緑が見えるのです．

第 26 講　リーディング

英語の専門書，そして論文

●化学の本を英語で読む

　大学の学部の授業では，日本語の教科書を使うことがほとんどだと思いますが，その中には外国の先生方が書かれた教科書の日本語版を使っている場合もあります．そんなときは，内容をしっかり理解した後で，今度はオリジナルの原書を読んでみるのもいいですね．日本語版と比較することで，専門用語だけでなく，英語の自然な表現が身につき，化学と英語の力の両方がアップすることでしょう！

　教科書以外にも，化学をテーマにした面白い本がいろいろと出ています．2016年11月現在，Chemistry の分野に限って Amazon（アメリカ）でいま売れている本を調べてみると，

1) Stuff Matters: Exploring the Marvelous Materials That Shape Our Man-Made World（by Mark Miodownik）

2) The Everything Soapmaking Book: Learn How to Make Soap at Home with Recipes, Techniques, and Step-by-Step Instructions（by Alicia Grosso）

3) Elements: A Visual Exploration of Every Known Atom in the Universe（by Theodore Gray（Author）and Nick Mann（Photographer））

4) The Disappearing Spoon: And Other True Tales of Madness, Love, and the History of the World from the Periodic Table of the Elements（by Sam Kean）

5) Sodium Bicarbonate: Nature's Unique First Aid Remedy（by Mark Sircus）

6) Uncle Tungsten: Memories of a Chemical Boyhood（by Oliver Sacks）

などが上がっていました．美しい写真付きの元素の本は引き続き高い人気のようです．

4番目の「The Disappearing Spoon」は私も持っていますが，元素にまつわるさまざまなエピソードが軽快な口調で語られています．最近はインターネットでも本の立ち読みができますし，気に入った本は海外から取り寄せることも簡単．おもしろそうだな，と思える本があったら，思い切って原書にチャレンジしてみましょう．

●英語の論文を読む

さて，大学4年になると，研究室に配属され，いよいよ卒業研究が始まります．そこで読まなくてはならなくなるのが英語の論文です．

ところで，英語の論文を読むのは難しいとよく言われます．例えば，英語で書かれた化学の論文をアメリカに持って行き，道を歩いている普通のアメリカ人を呼び止めて，読んでもらったとしたら，おそらく「なにこれ？　理解できない！」という反応が返ってくることでしょう．何故なのでしょう？　論文の英語は，普通の英語ではないのでしょうか？

いいえ，論文に使われている英語も普通の英語で，何ら変わりはありません．ではなぜ論文を読むのが難しいかというと，論文が，他の研究者に向けて，研究者が自らの研究を報告しているものだからなのです．研究者なら当然知っているべき（つまり大学で使う教科書に載っているような）事柄は論文には書かず，教科書の先にあること，その時点での化学の最先端のことが書いてあるからなのです．

では，なぜ学生の皆さんが，論文を読まなくてはならないのでしょうか？

その前に卒業研究のことを考えてみましょう．大学に入ってから学んできたことは先人の努力の積み重ねによる知識の集大成でした．しかし卒業研究で行うことは，まだ世界の誰一人として知らないことの発見です．新しい事実，新しい物質，新しい技法．とにかく，キーワードは「new」で「unknown」ということ．研究を通じて，あなたがその第一発見者になるわけです．ということは，これまでその分野で何が研究されてきたのか（これを先行研究といいます），何がまだわかっていないのかを知ることが必要です．そのために論文を読むのです．

また，学生実験では試薬は会社から買ったものを使えばよかったのですが，卒論で行う実験では，原料となる物質がそもそも手に入らない．市販されていないので，自分で作らなくてはならない，ということもよくあります．でも，その物

質が既知の存在なら，合成方法は論文に記載されています．それを知るために論文を読むのです．

　ですから，論文を読むといっても 1 本の論文を隅から隅まで読む必要はなく，自分が知りたいことだけを読みとればいいのです．重要なのは，どこに何が書かれているのかを知っていること．そうすれば短時間で必要な情報を手に入れることができます．

　そこで，この講では論文を構成している要素とそこで使われている英語について少し触れておこうと思います．

・Title（タイトル）

　タイトルは，論文の内容を具体的かつ明確に表すもので，略語やジャーゴン（仲間内でしか通じないような専門用語）は使用されません．かつて使用されていた「～の研究」などの漠然としたタイトル（「A Study of ～」「Investigation of ～」「Observations on ～」など）は最近では使われなくなっています．

　例えば，2016 年 11 月にオンラインで発表されている，アメリカ化学会【note 1】発行の JACS（Journal of The American Chemical Society）誌の論文のタイトルはこんな感じです．

- ・Using Molecular Architecture to Control the Reactivity of a Triplet Vinylnitrene（分子構造を用いて，トリプレットビニルニトレンの反応性を制御する）
- ・Mn^{2+}-Doped Lead Halide Perovskite Nanocrystals with Dual-Color Emission Controlled by Halide Content（ハロゲン化物含有量により制御された二色発光を持つ Mn^{2+} ドープハロゲン化鉛ペロブスカイトナノ結晶）
- ・Optical Activity and Optical Anisotropy in Photomechanical Crystals of Chiral Salicylidenephenylethylamines（キラルなサリチリデンフェニルエチルアミンのフォトメカニカル結晶における光学活性と光学的異方性）

・Authors（著者）

　本研究を行った人たちです．大学の卒業研究がすぐ投稿論文にまとまる，ということはなかなか難しいかもしれませんが，かといって不可能なことではありません．化学専攻の皆さんが論文を投稿することになった場合，研究を主として行った人（みなさん）の名前はファースト・オーサー（first author）として最初に，研究を指導してくれた先生の名前はコレスポンディング・オーサー

（corresponding author）として最後に掲載されるでしょう．コレスポンディング・オーサーとはジャーナルとのやりとりの窓口になり，著者たちを代表して論文の責任を負う人を指します．

・**Abstract（抄録）**

アブストラクトは論文が何を問題にし，どんな方法で研究を行い，どのような結果が出たのかをまとめたものです．論文全体を読む必要があるかどうかは，このアブストラクトで判断できます．最近はインターネットでアブストラクトだけは無料で読めるところも増えてきました．（ちなみに，論文全文を読むのは有料である場合が多いです．）アブストラクトの語数制限はジャーナルにより異なりますが，基本的には1パラグラフで書かれています．

アメリカ化学会が発行しているジャーナル「The Journal of Organic Chemistry」の「著者へのガイドライン」の中からアブストラクトに関する部分を少し見てみましょう．

The abstract for an Article, Note, or Brief Communication should briefly state the purpose of the research, the principal results, and the major conclusions. A well written abstract can attract the attention of potential readers and increase the likelihood that the published paper will get cited by other researchers.

「論文【note 2】のアブストラクトには研究の目的，主な結果，重要な結論を簡潔に述べること．上手に書かれたアブストラクトは読み手の注意を引き，他の研究者が引用する可能性を増やすだろう」とあります．また

Summaries of numerical results should be quantitative (for example, "in yields of 65 to 90%" rather than "in good to excellent yields").

「数値表現は定量的であること（「収率よく，あるいは素晴らしい収率で」とするのではなく「65～90%の収率で」と記載する）」などのアドバイスも．

The length of the abstract for a Note, Brief Communication, or JOC

Synopsis is limited to 80 words. The length of the abstract for an Article should not exceed 200 words. Undefined nonstandard abbreviations and reference citation numbers should not be used in the abstract.

「アブストラクトの長さは Note などは 80 語まで，Article は 200 語までとする．アブストラクトでは未定義の非標準略語や引用文献番号は使用しないこと」とあります．

　さて，アブストラクトに使われている英語で特徴的なのは，時制として，しばしば現在完了形が使われること．わざわざ現在完了形を使うことで，「いま終わったばかりの研究を発表している」という気持ちが伝わってきます．通常，アブストラクトでは研究の結果，結論など再現性のある事柄が書かれるため，現在形が使用されますが，実際に著者が行った具体的な事柄に関しては過去形が使われます．

・Introduction（序文）

　ここには Background（背景）と Research objectives（研究の目的）が含まれます．過去から現在まで続いている背景を説明するときには，現在完了形が，先行研究の記載には，現在形が使用されます．現在形を使用する理由は，すでに発表されている科学論文に記載されている事実が一般的な知識とみなされるためです．

　Introduction の冒頭でよく用いられる表現には次のようなものがあります．

　・One of our research focuses has been on ～（我々がこれまで研究を重ねてきたテーマの1つは～）

　・～ are of interest due to their ～ properties（～はその～性の点で関心が持たれている）

・Materials & methods / Experimental（材料と方法／実験項）

　実験で用いた材料や方法，実験条件が記載されています．これを読んだ人が実験を再現できる程度に詳しく書かれているので，例えば初めて合成に成功したというような新規化合物であれば，器具や装置，使用した材料（供給元）を含めた詳細な説明が載っています．実験項は，過去に行ったことなので，すべて過去形で書かれています．

　Experimental で用いられる英文例をあげます．

136   第26講　英語の専門書，そして論文

- All materials used were of reagent grade (extra pure) or spectroscopic grade, purchased from Wako Pure Chemical Industries, Ltd. and were used without further purification.（使用した薬品はすべて和光純薬工業（株）の試薬特級または分光分析用のものを購入し，さらに精製することなく使用した.）
- All of the measurements were carried out at room temperature, unless otherwise specified.（特に断りのない限り測定はすべて室温で行った.）

・Results（結果）

研究結果が客観的に提示されています．得られたデータをわかりやすく伝えるため，表やグラフも多用されます．研究から得られた主な結果（普遍的事実）は現在形で書かれます．結果を分析することは考察（Discussion）になるので，Results と Discussion とを合わせて「Results and Discussion」という項目になることもよくあります.

- The results of a TG-DTA analysis of ～ are shown in Fig. 1.（～の熱分析（TG-DTA）の結果を図1に示す.）
- The DFT calculated bond lengths and bond angles of chemical species involved in the disproportionation reaction are listed in Table 1.（この不均化反応に関与している化学種の DFT 計算による結合長と結合角を表1にまとめる.）
- Figure 2 illustrates the H-bonded dimerization in the chloride complex, and the ladder-like hydrogen bond network formed in the bromide and iodide complexes.（塩化物錯体の水素結合による二量化および臭化物錯体とヨウ化物錯体中で形成されるはしご状の水素結合ネットワークを図2に示す.）

・Discussion（考察）

研究結果が分析され考察されています．時制には現在形が使用されます.

- The assumed thermal reaction and reaction mechanism are summarized in the scheme given in Fig. 2.（想定される熱反応および反応機構を図2のスキームにまとめた.）
- It is most likely that the complex lost ligand A in the first exothermic process, since firstly ～, secondly ～.（この錯体は最初の発熱過程においてリガンド A を失っている可能性が極めて高い，というのも第一に～，第二に

〜．）

・Conclusion（結論）

　研究が総括されます．実際に著者らが行ったことは過去形で，その研究でわか
った重要な知見は現在形でまとめられています．また，今後その研究をどのよう
に発展させる予定なのか，将来の研究プランがあれば，それも示してあります．

　　・A possible reaction mechanism for the 〜 reaction was discussed and
　　　presented with the reaction profile obtained from DFT calculations.（〜反
　　　応に対する考えられる反応機構案について考察し，DFT 計算により得られた
　　　反応プロフィールとともに提示した．）

　　・The DFT optimized structure of 〜 are all in good agreement with the
　　　crystallographic data.（DFT 計算で最適化した〜の構造は全て結晶から得ら
　　　れたデータとよく一致している．）

　　・〜 undergo deaquation and disproportionation both in various organic
　　　solvents and in solid state.（〜はさまざまな有機溶媒中，および固相状態に
　　　おいて脱水と不均化反応を生じる．）

・Acknowledgments（謝辞）

　その研究の協力者や支援者の名前が挙げられます．

・References（参考文献）

　その研究で参照されている先行研究がすべてリストアップされています．

●論文にアクセスしてみる

　いかがでしたか？　論文が少し身近に感じられるようになったでしょうか？
　早速論文を読んでみたい，と思われる方は是非いろいろな論文をご覧になって
ください．例えば大学生の皆さんには次のような方法があります．

　1）　大学の図書館には今でも過去の論文が製本されて並んでいるので，興味の
　　　ある分野の本を手にとってパラパラとめくってみることができます．読ん
　　　でみたい論文が見つかったら複写して（図書館には必ず複写サービスがあ
　　　ります）持ち帰り，じっくり腰を据えて読みましょう．

　2）　SciFinder【note 3】が利用できれば，論文は簡単に検索できます．検索は，
　　　分野やキーワード，化合物名などさまざまな方法で行うことができます．
　　　例えば，著者名から検索すると，その研究者のこれまでに発表した論文を

一覧にすることができます．

【note 1】アメリカ化学会は全世界におよそ16万人の会員を有する，世界最大の化学の学会です．▶ https://www.acs.org/content/acs/en.html

【note 2】アメリカ化学会の論文には通常の論文「Article」のほか，短い「Note」や速報の「Brief Communication」などがあります．

【note 3】SciFinder（サイファインダー）は，物質科学関連分野に強い情報検索ツールです．SciFinderを使えば，論文・特許に加え世界中の化学物質および有機化学反応情報を網羅的に検索できます．詳しくは化学情報協会のサイトをご覧ください．▶ https://www.jaici.or.jp/SCIFINDER/

=== Tea Time ===

速読と精読を組み合わせて英語力を向上させる

英文の読解力を向上させるには速読と精読の2つを組み合わせると良いと私は考えています．

速読は「意識的に急いで目を動かし，キーワードを中心に，頭から内容をとっていく」読み方で，自分にとって比較的平易な文章を短時間で読みたい時に向いています．速読が出来るようになると，リスニングの力も向上します．

ところで，速読をするときには，辞書は使いません．仮にわからない単語があっても，前後関係から類推しながら読みます．読書スピードを落とさないことが重要なのです．

というのも，速読では短時間に大量の英語の情報を処理することが求められるので，正確さは若干犠牲になっても仕方がないのです．70％程度が理解できれば，話の筋はたどれ，要約は作れます．

速読は多読という読み方にもつながります．多読とはとにかくたくさんの英文を読むこと．テンポよく，楽しみながら，英文をどんどん読んでいくことです．

英語は反射，と前にも言いましたが，「There is an apple」という英文を読んだ時に，There is ＝〜がある，an apple ＝ 1個のリンゴ，といちいち「文字に」翻訳せずに，頭の中に「1個のリンゴ」の「イメージ」が湧くこと．理想を言えば，日本語の「リンゴがある」という文章を読んだ時と同じ反応が頭の中で起こること．それが反射であり，英語力をつけるのに重要なのです．

しかし複雑な内容の英文を正確に理解するためには「じっくりと時間をかけて丁寧に全ての単語の意味とそれらの関係（つまり文法）を理解する」精読という読み方が必要になってきます．

それには「翻訳」という作業が有効です．というのも，日本語で表現するというプロセスを通じて，わかったつもりになっていたけれど実はよくわかっていなかった部分が明らかになってくるからです．

　ところで，翻訳というのは，原文に含まれている一つ一つの単語をただ単に日本語に置き換える作業ではありません．いわゆる直訳とも違います．その英文を英語を母国語とする人が読んだときに受け取る情報を「過不足なく」日本語に置き換えること．あなたが翻訳した文を日本語を母国語とする人が読んだときに，英国人が先の英文を読んだ時と「同じイメージ」を受け取ることができること，それが本当の翻訳なのです．

　ですから，ときには行間を読むこと，言葉では明示されていないが情報として示唆されているもの，を翻訳文に反映させることも必要です．そしてそのためにはその文章の背景となっている知識を持っていることが必要なのです．だからこそ，化学英語は「英語は得意でも化学の知識のない人」には難しいけれど，「化学を勉強している皆さん」にとっては，むしろ英文学の作品やジャーナリスティックな英文よりもわかりやすい，と言えるのです．

第 **27** 講　リーディング

科学の百科事典を読む（1）：天然高分子

●楽しみのためのリーディング

　これまで，小，中，高，そして大学と，学校で学ぶ化学の英文を見てきました．リーディングの最後は学校を卒業し，娯楽や教養のために読む本を取り上げます．

　イギリスの Andromeda Oxford Ltd. から出版された百科事典「The New Encyclopedia of Science」シリーズの「Chemistry in Action」（Nina Morgan/John O. E. Clark）【note 1】です．

　高校生から一般の人まで，幅広い層を対象に書かれているこの百科事典ではカラー写真と大きなイラストがふんだんに使ってあり，それを掲載できないのが残念ですが，百科事典の名にふさわしく，難解な専門用語を使わずに，きっちりした解説がなされています．

　ただ，イギリスの高校生以上を対象にした本なので，この英文をスラスラ読むのはまだ難しいと思われる方もいらっしゃることでしょう．そこで，皆さんの今の英語力（英語を読む上での体力，とでもいいましょうか）に合わせた，何通りかの読み方を提案したいと思います．

　1）体力不足の人

　知らない単語が多すぎる場合．一読して文の意味が取れないと，読み続ける気力もなくなりますね．そういう方は，まず後ろの日本語訳を読んで，大意をつかんでから英文を読みましょう．日本語を読んでいる時に，この単語は英語でなんというのかな？と気になる単語が出てきたら英文に戻って，該当する英語を探してください．例えば「外殻電子」だったら「outer electrons」だと押さえておく．話の概要がわかってから英文を読んでみると，知らない単語が少しぐらい混じっていても，前後の関係から類推しながら話の筋を追えるようになるはずです．「じっくりゆっくり」より「テンポよく読む」を心がけてみましょう．「7割わかれば

いい」というくらいの気持ちで読むことが「楽しく読み続ける」ためには大切です．

2) 体力に自信のある人

どんどん英文を読んでください．心がけて欲しいのは，日本語には翻訳しないこと．英語で提示された「情報」をそのまま「情報」として受け取る．例えば「chemical bonding」とあったら「化学結合」という「日本語」ではなく，結合を「イメージ」しましょう．右に示したような，炭素原子と水素原子の間に電子が存在している図などを思い浮かべるのもいいアイディア．「日本語」に変換せずに話の流れを追ってください．

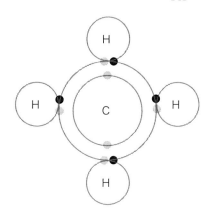

炭素原子と水素原子の間に電子が存在

その際，意識的に目を左から右に動かすことが重要です．少しぐらい知らない単語があっても，辞書には手を伸ばさずに，リズミカルに読みましょう．そしてストーリーを楽しんでください．

3) 中間の人

読んでいる時はわかったつもりだったのだけど，読み終わった瞬間，何が書いてあったのか，忘れてしまう．サマリーが作れない．そういう人は，第3講で解説した「パラグラフ・リーディング」が有効です．例えば次に読む「Natural Polymers」は8つのパラグラフから構成されています．各パラグラフの最初の1文がトピックセンテンスで，そのパラグラフの内容がまとめられています．それぞれのパラグラフからトピックセンテンスを抜き出して，つなげると，ざっくりとしたサマリーができあがります．まず全体のサマリーを頭に入れた上で，パラグラフの残りの文（さらに詳しい例をあげていたり，付加的な情報をあげている）を読めば，中身が頭に入ってきやすいでしょう．

また，キーワードや重要なフレーズに下線を引きながら読むのも理解を確実にするのに役立つと思います．

Natural Polymers

Chemistry imitates nature, and polymer chemists have learned as much from studying natural materials as they have from making products in a test tube. Natural polymers are everywhere — in fact, many of them grow on trees.

The sap obtained from rubber trees provided the raw material for one of the earliest polymer industries: rubber production. Natural rubber, or latex, known to chemists polyisoprene, is a polymer made up of 1000–5000 monomers of the unsaturated hydrocarbon isoprene (C_5H_8), which is obtained from the sap of the rubber tree. Isoprene contains two double bonds separated by a single bond. When it polymerizes, bonds are broken and rearranged to allow the monomers to link up in a long coiled chain. This chain gives rubber its physical properties.

Rubber is elastic because stretching tends to straighten out the entangled chains, but when the stretching force is released, the intermolecular forces pull the chains back together. The tangled chains are also what gives rubber its ability to hold together when stretched, rather than to break or crumble. The fact that rubber is made up of a dense tangle of hydrophobic hydrocarbon chains also accounts for its waterproof properties.

Natural rubber softens on heating and hardens on cooling without changing its chemical properties. It is used in cements and adhesives, and as tape for wrapping cables and insulating electrical equipment. However, because it has a relatively low melting point, natural rubber softens in hot weather.

The process of vulcanization is used to raise rubber's low melting point, and to make it hard enough for use in tires and other products. During vulcanization, the long chains of polyisoprene units are linked together by sulfur bonds, often called sulfur bridges or cross-links. This cross-linking makes natural rubber more thermally stable, but changes it into a material that cannot be altered once molded or formed without destroying the chemical properties of the product.

A further drawback is that vulcanized rubber has a relatively short lifetime, because the sulfur bridges react readily with the oxygen in air. As a result, natural rubber supplies less than 40 percent of the world's needs, and is largely being replaced by synthetic rubber substitutes, such as nitrile and chloroprene rubbers produced from petroleum. These synthetic versions have higher melting points and are far less affected by organic solvents.

Cellulose and starch are other important natural polymers that grow on trees. Both are based on the monomer glucose, a simple sugar formed by plants during photosynthesis. Starch is used by both plants and animals as an energy store. When energy is needed the starch can be easily broken down into glucose molecules, which are then oxidized to release carbon dioxide, water and energy. Cellulose is the polymer that makes up the main structural material of plants. It is one of the most abundant organic substances on Earth, and cannot be readily broken down; herbivorous animals that depend on eating cellulose often have special bacteria living in the gut to assist with digestion.

Chemists can combine a polymer with another material to produce a composite with special properties, often for engineering applications. Fiberglass is a composite in which thin glass fibers are bound together in an unsaturated polyester resin. This process occurs in nature too. One of the most abundant natural polymer composites is a cellulose fiber-reinforced phenolic resin composite — best known under its common name, wood.

■ 単語リスト

polymer　ポリマー／ imitate　模倣する／ sap　樹液／ provide　提供する／ raw material　原料／ latex　ラテックス／ polyisoprene　ポリイソプレン／ unsaturated hydrocarbon　不飽和炭化水素／ isoprene　イソプレン／ obtain　得る／ rubber　ゴム／ rearrange　再配列する／ monomer　モノマー／ physical properties　物理的性質／ elastic　弾力性／ stretch　引き伸ばす／ straighten　まっすぐになる／ entangled　からみあった／ intermolecular　分子間／ tangled　からみあった／ crumble　崩れる／ dense　密な／ hydrophobic　疎水性／ harden　硬化する／ adhesive　接着剤／ insulating　絶縁用の／ electrical equipment　電気装置／ relatively　比較的／ vulcanization　加硫／ tire　タイヤ／ unit　単位／ sulfur　硫黄／ cross-link　架橋／ alter　変える／ mold　成形する／ chemical properties　化学的性質／ drawback　欠点／ lifetime　寿命／ readily　容易に／ oxygen　酸素／ synthetic rubber substitute　合成ゴム代替品／ nitrile　ニトリル／ chloroprene　クロロプレン／ petroleum　石油／ version　版（ここではゴムの種類のことを指している）／ affect　影響する／ solvent　溶媒／ cellulose　セルロース／ starch　デンプン／ glucose　グルコース／ photosynthesis　光合成／ oxidize　酸化する／ abundant　豊富な／ herbivorous animal　草食動物／

bacteria（単数形は bacterium）　細菌／ gut　消化管／ digestion　消化／ combine
結びつく／ composite　複合体／ engineering application　工学的用途／ polyester
ポリエステル／ phenolic resin　フェノール樹脂

天然高分子

　化学は自然を模倣する．ポリマーの研究者は試験管で新しい化合物を合成する
ばかりでなく，天然物質の研究からも多くのことを学んできた．天然ポリマーは
あらゆるところに存在するが，その多くは樹木の産物であるともいえる．

　ゴムの木の樹液を原料として発展したのが，初期のポリマー産業の一つ，ゴム
工業である．天然ゴム，つまりラテックス（化学者にはポリイソプレンとして知
られている）はゴムの木の樹液から得られるが，不飽和炭化水素イソプレン
（C_5H_8）モノマーが，1000 ～ 5000 単位ほど重合したポリマーである．イソプレン
には１つの単結合によって隔てられた２つの二重結合が含まれている．これが重
合すると，結合が切れて再配列が生じ，モノマーは連結して長い渦巻き状の鎖を
作るが，これがゴムのさまざまな物理的性質のもとになっている．

　引き延ばされると，からみあった鎖はまっすぐになり，力をゆるめると分子間
力により鎖が引き戻されるため，ゴムには弾力性がある．からみあった鎖のおか
げで，ゴムは引っ張られた時に切れたり崩れたりせずに結合していることができ
る．ゴムが密にからみあった疎水性の炭化水素鎖からなっているという事実が，
ゴムの耐水性を説明している．

　天然ゴムは加熱するとやわらかく，冷やすと硬くなるが，その化学的諸性質は
変わらない．ゴムはセメントや接着剤中に使用されており，またケーブルに巻く
ためのテープや電気装置絶縁用のテープなどにも使用されている．しかし，ゴム
の融点は比較的低いため，天然ゴムは暑い気候の下では軟化してしまう．

　ゴムの低い融点を引き上げ，タイヤやその他の製品に用いるのに十分な硬度を
ゴムに与えるには，加硫処理が用いられる．加硫中に，ポリイソプレン単位から
なる長い鎖は硫黄原子による結合（よく硫黄橋，あるいは架橋とよばれる）によ
って結びつけられる．架橋により天然ゴムは熱的安定性を増すが，同時に別の物
質に変化するため，ひとたび成形されると，製品の化学的性質を損なわずに形を
変えることができなくなる．

この硫黄架橋が空気中の酸素と容易に反応するために，加硫ゴムの寿命が比較的短くなることもさらなる欠点である．その結果天然ゴムの供給は全世界の需要の40%未満となり，石油から製造されているニトリルゴムやクロロプレンゴムなどの合成ゴム代替品によって取って代わられつつある．これらの合成ゴムは，より高い融点をもち，また有機溶媒から受ける影響もはるかに少ない．

セルロースとデンプンも樹木由来の重要な天然ポリマーである．ともに光合成により植物が作る単糖であるグルコースモノマーの重合によりできている．デンプンは植物と動物のエネルギー貯蔵に用いられている．エネルギーが必要になると，デンプンは簡単に分解されてグルコース分子となり，これが酸化され二酸化炭素と水とエネルギーを放出する．セルロースは植物の主たる構造材料となっているポリマーである．これは地上の有機物質としては，最も大量に存在するものの一つであり，簡単には分解することができない．セルロース系の餌を主食としている草食動物の消化管内では，しばしば特別なバクテリアが生息していて消化を助けている．

化学者はポリマーをほかの物質と組み合わせることで，特別な性質を持つ複合材料を作り出しており，これらはしばしば工学的用途に用いられる．ファイバーグラスは細いガラス繊維を不飽和ポリエステル樹脂と混合して作った複合材料である．この過程は自然界でも起きている．天然ポリマーの複合体として最も豊富に存在するものの一つが「セルロース繊維強化フェノール樹脂複合体」であるが，これは普通は「木材」という名で最もよく知られている．

【note 1】 The New Encyclopedia of Science シリーズは全7巻（第1巻：動物と植物，第2巻：環境と生態，第3巻：進化と遺伝，第4巻：化学の世界，第5巻：物質とエネルギー，第6巻：星と原子，第7巻：地球と惑星探査），全ての翻訳が朝倉書店から出版されています（『図説 科学の百科事典』）．

第 28 講　リーディング

科学の百科事典を読む（2）：燃焼と燃料，染料と染色

● 自分の読み方を振り返る

　楽しみのための読書の場合，正確に読むのは二の次で，一番大事なのは読んで楽しいこと．仮に間違って理解していても，本人が楽しければそれでいいのです．楽しいともっともっと読みたくなります．自分の興味のおもむくままに，いろいろな文章をたくさん読んでいるうちに英語の読解力がついてきて，正確に読めるようにもなります．

　でも，時には，自分の読み方を振り返ってもいいかもしれません．

　そこで，この講では，まず英語バージョンを読み，内容がつかめたと思ったら，日本語バージョンを読んでみてください．日本語を読んだときに「あれ？　こんなこと英語に書いてあったっけ？」というような箇所が（万一）あれば，その部分だけ英語と日本語の文章を比較してみましょう．ただし，日本語の表現にこだわる必要はありません．100人いれば100通りの訳文が生まれるのです．

　確認するのは，元の英語の文章に含まれていた情報をあなたがすべて受け取ったかどうか．その1点だけです．繰り返しますが，重要なのは「楽しく読むこと」．間違いがあったとしてもあまり気にせず，どんどん化学英語を読み続けていくことで，必ず力がついていきます．

Combustion and Fuel

Fuels are compounds that contain stored chemical energy. This energy, which is released by the making and breaking of bonds, is given off in the form of heat when the fuel is broken down. The heat, in turn, can be used to do useful work, or it can be converted into other forms of energy. Food is the fuel that animals rely on to provide energy to keep them alive. Hydrocarbons, such as oil, gas and coal, are the fuels used to provide energy to heat houses, run engines and generate electricity. Different fuels release different amounts of energy.

During respiration, organisms break down fuels such as food with oxygen to produce water (H_2O) and carbon dioxide (CO_2). The energy released as a result of this process is used to help the organism live and grow. In a similar way, fuels such as oil, gas and coal release energy when they are burned in air or oxygen to give out heat. During the combustion of hydrocarbon fuels, carbon and hydrogen react with oxygen and are oxidized to form carbon dioxide (CO_2) and water (H_2O).

The rate of combustion depends on conditions such as the concentration of oxygen. Air is only around one-fifth oxygen (the rest is mainly inert nitrogen), and fuels burn much faster in pure oxygen. Controlling the concentration of the fuel is important for controlling combustion.

Just as the energy from a match is needed to light a candle, so energy — usually in the form of heat — is needed to start off the combustion reaction. This activation energy is used to break bonds, so that new bonds can start to form. Because the combustion reaction is exothermic, it provides its own energy once the reaction gets going. As with the burning candle, the reaction stops only when the supply of fuel or oxygen runs out.

The amount of energy given off by the combustion of a fuel depends on the number of bonds to be broken and made. This is generally related to the size of the fuel molecule and the type of bonds involved. For this reason, larger hydrocarbon molecules such as hexane (C_6H_{14}), a typical constituent of gasoline, gives off more energy per molecule than fuels such as methane (natural gas, CH_4), with only one carbon atom.

Partly oxidized fuels — including ethanol (C_2H_5OH), alcoholic drinks — are used as alternatives to petrol in some countries, but they give off even less energy. This is because they already contain O–H bonds in their structure. Because the energy released during combustion comes from the making of bonds to oxygen, fuels that contain more oxygen give out less energy when they burn. A compromise being tested in some countries is a fuel that is combination of an alcohol — methanol or ethanol — and conventional gasoline (petrol).

Power is not the only factor to consider when choosing a fuel. The use of alcohol — containing fuels in cars can help to reduce atmospheric pollution because they burn more completely than hydrocarbons, and give off lower amounts of carbon monoxide (CO), sulfur dioxide (SO_2) and nitrogen oxides (NO_x) when they burn. It is these compounds that combine with water in the atmosphere to form acid rain, and contribute to photochemical smog at or near ground level. The oldest fuel of all — carbon as coal or coke — is the worst culprit because its main combustion product is the greenhouse gas carbon dioxide.

単語リスト

combustion　燃焼／ compound　化合物／ contain　含有する／ in turn　次に／ be converted into 〜　〜に変換される／ rely on 〜　〜を頼る／ hydrocarbon　炭化水素／ provide　提供する／ generate　作り出す／ respiration　呼吸／ organism　生物／ carbon dioxide　二酸化炭素／ oxidize　酸化する／ concentration　濃度／ inert　不活性な／ nitrogen　窒素／ pure　純粋な／ reaction　反応／ activation energy　活性化エネルギー／ exothermic　発熱の／ supply　供給／ run out　切れる，使い果たす／ be related to 〜　〜に関係している／ molecule　分子／ involve　関与する／ hexane　ヘキサン／ typical　典型的な／ constituent　成分／ gasoline　ガソリン／ per molecule　分子あたりの／ methane　メタン／ ethanol　エタノール／ alcoholic drink　アルコール飲料／ alternative to 〜　〜の代替え／ petrol　ガソリン／ structure　構造／ compromise　妥協，譲歩／ combination　組み合わせ／ methanol　メタノール／ conventional　従来の／ consider　考慮する／ atmospheric pollution　大気汚染／ completely　完全に／ carbon monoxide　一酸化炭素／ sulfur dioxide　二酸化硫黄／ nitrogen oxides　窒素酸化物／ combine with 〜　〜と化合する（化合物になる）／ acid rain　酸性雨／ contribute to 〜　〜に貢献する／ photochemical smog　光化学スモッグ／ coke　コークス／ culprit　犯罪者，罪人，問題の原因／ greenhouse gas　温室（効果）ガス

燃焼と燃料

　燃料とは，化学エネルギーを貯蔵している化合物をいう．結合の形成や切断の際に放出されるこのエネルギーは，燃料が分解されるときに熱として放出される．熱は続いて有用な仕事に使われることもあるが，別のタイプのエネルギーへと変換させて利用することもある．食物は動物が頼りにしている，生存に必要なエネ

ルギーを提供する燃料である．石油，ガス，石炭などの炭化水素類は，家屋の暖房や内燃機関の運転，そして発電のためのエネルギーを得るのに用いられている燃料である．燃料ごとにエネルギーの放出量は異なる．

　生物は食物などの燃料を呼吸で得た酸素で分解し，水（H_2O）と二酸化炭素（CO_2）を作る．このプロセスの結果放出されるエネルギーは，生物の生存と成長を助けるために使われる．同様に石油，ガス，石炭などの燃料は，空気中や酸素中で燃えるとエネルギーを放出し，熱を発生する．炭化水素系燃料の燃焼の際，炭素と水素は酸素と反応して酸化され，二酸化炭素（CO_2）と水（H_2O）を生成する．

　燃焼の速度は，酸素濃度などのいろいろな条件によって左右される．空気中に含まれる酸素の量は約5分の1であり（残りのほとんどは不活性な窒素），純粋な酸素の中で燃料はずっと速く燃える．燃焼をコントロールするには，燃料の濃度を調節することが重要となる．

　ロウソクに点火するにはマッチの火のエネルギーが必要であるように，燃焼反応の開始には何かエネルギー（通常は熱）が必要である．新しい結合を形成させるためには，この活性化エネルギーで，まずもともとあった結合を切ることが必要となる．燃焼反応は発熱性なので，反応がひとたびスタートすれば，反応自身がエネルギーを生じる．燃えるロウソクの場合と同様，燃料か酸素のどちらかがなくなると，反応は停止する．

　燃料の燃焼によって放出されるエネルギーの量は，切断，形成される結合の数に応じて決まる．つまり，一般的には，燃料分子の大きさと，関与する結合の種類に関係する．このため，ヘキサン（C_6H_{14}）（典型的なガソリンの成分）などの，炭素数が多い炭化水素分子は，たった1個しか炭素原子を含まない，天然ガス成分のメタン（CH_4）などに比べると，1モルあたりの放出エネルギーはずっと大きい．

　ガソリンの代用として，アルコール飲料のエタノール（C_2H_5OH）のように，部分的に酸化された形の燃料を使用している国もあるが，この場合には発生するエネルギーはガソリンよりもかなり少ない．これは構造中にすでにOH結合を持っているためである．燃焼中に放出されるエネルギーは酸素と結合を作ることから発生するので，酸素をより多く含む燃料は燃やした時に発生するエネルギーの量が少なくなる．折衷案として，いくつかの国々では，アルコール（メタノールま

150　　第28講　科学の百科事典を読む (2)：燃焼と燃料，染料と染色

たはエタノール）と従来のガソリン（石油）を混ぜた燃料がテストされている．

　燃料を選ぶ時に考慮すべき点は，発生するエネルギーの量だけではない．アルコール含有燃料を車に用いると，炭化水素よりも完全に燃焼するため，放出する一酸化炭素（CO）や，二酸化硫黄（SO_2），窒素酸化物（NO_x）の量が少なくなり，大気汚染が減少する．空気中で水と結合して酸性雨の原因となり，地表面近くでは，光化学スモッグを引き起こす原因ともなるのはこれらの化合物だからである．あらゆる燃料の中で一番長い歴史を持つ炭素は，石炭やコークスなどの形で用いられてきており，主な燃焼生成物が温室効果ガスの二酸化炭素なので，炭素は地球温暖化の元凶とも考えられている．

Dyes and Dyeing

Pigments and dyes both give color, but in pigments the color is on the surface. Pigments stick to surfaces to give them color, whereas dyes attach themselves chemically to the molecules that they color. Sometimes ionic or covalent bonding is involved, but often the attachment is the result of hydrogen bonding, or weaker intermolecular forces.

In contrast to pigments, most dyes are soluble, and most are aromatic organic compounds. Many naturally occurring organic dyes are derived from plants and animals. The red dye cochineal is extracted from a species of insect. A brilliant orange dye is made from the dried stigmas (pollen-collecting organs) of the saffron crocus. The red dye alizarin comes from the root of the madder plant.

Many natural dyes stick fast to cloth only with the aid of a mordant, a metal compound which attaches itself to the cloth under alkaline conditions, and then binds to the dye molecules. By using different metals in the mordant it is often possible to vary the color of the dyed cloth. For example, when alizarin is used with a mordant containing tin (IV), the result is a pink color. With iron (III), the cloth is dyed brown.

単語リスト

dye　染料／dyeing　染色／pigment　顔料／surface　表面／ionic bonding　イ

オン結合／covalent bonding　共有結合／involve　関与する／hydrogen bonding　水素結合／intermolecular　分子間の／in contrast to ～　～と対照的に／soluble　可溶性の／aromatic　芳香族の／organic　有機の／naturally occurring　天然に産出する／be derived from ～　～から生じる（得られる）／cochineal　コチニール／extract　抽出する／species　種／brilliant　鮮やかな／stigma　（雌しべの）柱頭／pollen-collecting　花粉を受け取る（形容詞として働く動詞の現在分詞）／organ　器官／saffron crocus　サフラン／alizarin　アリザリン／madder　アカネ／fast　しっかりと，固く／with the aid of ～　～の助けを得て／mordant　媒染剤／under alkaline conditions　アルカリ条件下で／vary　変わる／tin (IV)　4価のスズ（イオン）／iron (III)　3価の鉄（イオン）

染料と染色

　顔料と染料は，どちらも物体の着色に用いられるが，顔料は物体の表面だけを着色する．顔料は物体の表面に物理的に固着するだけだが，染料は自らを相手分子と化学的に結合することで着色する．この化学結合はイオン結合や共有結合による場合もあるが，ほとんどは比較的弱い水素結合という分子間力によるものである．

　顔料とは対照的に，染料のほとんどは可溶性で，ほとんどは芳香族有機化合物である．天然に産出する有機染料の多くは植物と動物から得られている．赤色染料のコチニールはある種の昆虫から抽出されている．鮮やかなオレンジ色の染料は乾燥させたサフランの柱頭（雌しべ先の花粉を受け取る器官）から作られている．赤色染料のアリザリンはアカネ植物の根からとれる．

　多くの天然染料は媒染剤（アルカリ条件下で自らがまず布に結合し，それから染料分子と結合する金属化合物）の助けだけで，しっかりと布にくっつく．媒染剤の金属を変えると，染めあがりの色も変わることが多い．例えば，4価のスズを含む媒染剤を用いてアリザリンで染色すると，ピンク色になるが，3価の鉄を用いると布は褐色に染まる．

第 **29** 講　リーディング

科学の百科事典を読む（3）：医薬品，司法化学

●**目標は，英文を英文のまま読むこと**

　百科事典を読むのもこれが最後になりました．最後のトピックは医薬品と司法化学．

　病気はどうして起こるの？　chemical machine ってなに？　医薬品の種類やその作用機序について．さらにはサルファ剤と抗生物質の違い，などが語られています．

　ところで，3行めの「Drugs play an important part in this chemical warfare.」を私は「化学的に健康を取り戻す上で，医薬品は重要な役割を果たしている．」と訳しました．「chemical warfare」をそのまま訳すと「化学戦争」になり，この文を直訳すると「この化学戦争において医薬品は重要な役割を果たしている」となりますが，この日本語は誤解を招きます．「化学戦争」という日本語は「化学兵器を使った戦争」という意味に受け取られかねないからです．ここでは「病気と闘い健康を取り戻す」ために「化学」を使う，という文脈で「warfare」や「chemical」が使われているのです．以前，翻訳には，わかったつもりの実は曖昧な点を見つけるという利点がある，と申しましたが，英単語の訳語を並べ替えただけの安易な翻訳は危険です．化学英語を読む，最終段階としては，やはり英文を日本語を介さずにそのまま意味をとるように心がけること．それこそが，速く正確に文章を理解することにつながるのだと思います．

Medical Drugs

Diseases result from chemical changes that disrupt the life processes of organisms. Chemotherapy — the use of chemicals to fight disease — is a powerful tool to bring the chemical machine back into balance. Drugs play an important part in this chemical warfare. All drugs work by altering the biochemical processes in either the disease-causing organism or the organism affected by the disease.

Different types of drugs act in different ways to fight disease. Vaccines prevent illness by stimulating the body's immune system to develop special proteins called antibodies that attack disease-causing organisms. Other medicines affect the biochemical pathways in the attacking organism. This can involve, for example, blocking the action of enzymes and thus preventing biochemical reactions from going out of control; or preventing hormones from delivering their chemical messages, and thus blocking the response of a cell to a hormone. Antibiotics and sulfa drugs, both hailed as «wonder drugs» in their time, take this approach.

Antibiotics are extracted from living microorganisms and selectively destroy disease-causing bacteria, often by inhibiting the action of important enzymes in the bacteria. Penicillin stops the growth of new bacteria by inhibiting the action of an enzyme responsible for constructing the bacteria's cell wall. Sulfa drugs, in contrast, are produced in a test tube and inhibit bacteria from synthesizing folic acid, an essential nutrient. This prevents the bacteria from reproducing and gives the body's defense mechanisms a better chance of killing off the invaders. Sulfa drugs are harmless to humans because mammals cannot synthesize folic acid, and must include it in their diet.

Like enzymes, drugs depend on a «lock and key» mechanism to work. The drug molecule must fit exactly into a receptor on the molecule whose chemistry it hopes to influence. It is also critical that the drug is delivered efficiently to the part of the body it is supposed to affect. For example, a pill must be designed so that it is released and absorbed in one part of the digestive system rather than another. In some cases it is possible to attach a drug molecule to an antibody, allowing the drug to target diseased cells directly. This approach is used to treat cancerous tumors without harming surrounding cells.

Not all drugs are medicines — some can unbalance body chemistry and act as poisons. Drugs like alcohol and cocaine depress the central nervous system by interfering with the activity of neurotransmitters and receptors on the nerve cells. These drugs can relieve pain and tension, but they also slow reaction times and impair judgment. When taken in large amounts, or in

154　　　第29講　科学の百科事典を読む（3）：医薬品，司法化学

combination with other drugs, the effects can be fatal. Chronic overuse can cause physical deterioration, such as cirrhosis of the liver in alcoholics. Widespread misuse of barbiturates, another class of drugs that reduce the activity of the central nervous system, has made it necessary to restrict their use. In some countries they are now routinely prescribed only for epilepsy.

■ 単語リスト

disrupt　邪魔する／ organism　生物体／ chemotherapy　化学療法／ warfare　闘い／ alter　変える／ biochemical　生化学の／ disease-causing　病気をひき起こす（形容詞として働く動詞の現在分詞）／ affect　影響をおよぼす／ vaccine　ワクチン／ prevent　防ぐ／ stimulate　刺激する／ immune system　免疫系／ protein　タンパク質／ antibody　抗体／ pathway　経路／ involve　関与する／ block　阻害する，ブロックする／ enzyme　酵素／ reaction　反応／ hormone　ホルモン／ deliver　送達する／ response　応答／ cell　細胞／ antibiotic　抗生物質／ sulfa drug　サルファ剤／ hail　歓迎する／ approach　アプローチ／ microorganism　微生物／ selectively　選択的に／ inhibit　阻害する／ penicillin　ペニシリン／ construct　組み立てる，建設する／ in contrast to 〜　〜と対照的に／ synthesize　合成する／ folic acid　葉酸／ nutrient　栄養／ reproduce　繁殖する／ defense mechanism　防御機能／ invader　侵入者／ harmless　無害な／ mammal　哺乳類／ diet　食べもの，食事／ depend on 〜　〜に依存する／ lock and key　鍵と鍵穴／ mechanism　機構／ molecule　分子／ fit exactly into 〜　〜にぴったりとはまる／ receptor　受容体／ critical　極めて重要な／ efficiently　効率よく／ be supposed to 〜　〜であると思われている，〜であるとされている／ pill　錠剤／ absorb　吸収する／ digestive system　消化器官／ target　標的／ directly　直接／ cancerous tumor　癌性の腫瘍／ harm　傷つける／ surrounding　周囲の／ cocaine　コカイン／ depress　低下させる／ central nervous system　中枢神経系／ interfere with 〜　〜を妨げる，干渉する／ neurotransmitter　神経伝達物質／ relieve　やわらげる／ tension　緊張／ impair　損なう／ judgment　判断力／ in combination with 〜　〜とともに／ fatal　致命的な，命に関わる／ chronic　慢性の／ overuse　過剰摂取／ deterioration　劣化，損傷／ cirrhosis　肝硬変／ alcoholic　アルコール中毒患者／ misuse　乱用／ barbiturate　バルビツール酸系睡眠薬／ restrict　制限する／ routinely　定期的に，通常／ prescribe　処方する／ epilepsy　てんかん

医薬品

　病気は，化学的変化が生物体の生命プロセスを乱すことから生じる結果である．化学療法，すなわち化学薬品を使用して病気と闘う方法は，化学機械（である生体系）を，バランスのとれた健全な状態に戻すための強力なツールである．化学的に健康を取り戻す上で，医薬品は重要な役割を果たしている．あらゆる医薬品は，病気を引き起こす有機体か，病気によって影響を受ける有機体の，どちらかの生化学的プロセスを変えることによって作用する．

　医薬品の種類に応じて，病気と闘う手法も異なる．ワクチンは，体の免疫系を刺激し，病気をひき起こす有機体を攻撃する抗体とよばれる特別なタンパク質を産生することによって病気を防ぐ．別の医薬品は，病気をひき起こす有機体の生化学的経路に影響を及ぼす．たとえば酵素の作用をブロックし，生化学的反応の制御妨害を防いだり，ある種のホルモンがその化学メッセージを送達するのを妨げることで，細胞のホルモンに対する応答をブロックするなどである．当時「奇跡の薬」として歓迎された，抗生物質やサルファ剤は，このアプローチをとっている．

　抗生物質は生きた微生物から抽出されたもので，多くは病原菌の重要な酵素作用を阻害することによって，これを選択的に殺すものである．ペニシリンは細菌の細胞壁を生成する酵素の作用を阻害し，新しい細菌の生長を停止させる．サルファ剤はこれとは対照的に，試験管中で製造されるが，これは細菌の必須栄養素である葉酸の合成を阻害する．細菌の繁殖が停止するので，体内の防御機能によりこの侵入者をやっつけるチャンスが増加する．哺乳類は葉酸を合成できず，食物から得なくてはならないから，サルファ剤は人間には無害である．

　酵素と同様に，医薬品は「鍵と鍵穴」機構に基づいて作用する．薬物の分子は化学的に影響を与えたい分子の上の受容体に，きっちりとはまり込まなくてはならない．体内で作用する場所に，薬剤が効率よく届くこともまたとても大切である．たとえば，錠剤は消化管の特定の場所で溶けて吸収されるように設計しなくてはならない．場合によっては，薬物が病気の細胞を直接標的にできるように，薬の分子を抗体に結合することも可能である．このアプローチは周囲細胞を傷つけずに癌性の腫瘍を治療するのに用いられている．

156　　　　第29講　科学の百科事典を読む (3)：医薬品, 司法化学

　すべての薬物が医薬品というわけではない. 中には体の化学作用のバランスを崩し, 毒として作用するものもある. アルコールやコカインなどの薬物は, 神経伝達物質や神経細胞上の受容体の作用を妨げることにより, 中枢神経系を抑制する. これらの薬物は痛みと緊張をやわらげるが, また反応時間を遅くし, 判断力を損なわせる. 多量に摂取したり, そのほかの薬物とともに摂取すると, 死に至ることもある. 慢性的な濫用は, アルコール中毒患者の肝硬変などの肉体の損傷をひき起こす. バルビツール酸系睡眠薬は, 中枢神経系の活動を低下させる別のタイプの薬物であるが, 広く濫用されており, その使用を厳しく制限する必要が生じている. 現在ではてんかん性の疾患に対してのみ常時処方を行うなど, その使用を制限している国もある.

Forensic Chemistry

In a true case, forensic chemists from the London Metropolitan Police Forensic Laboratory solved a murder. Routine samples taken from the body of a landscape gardener were studied by medical students. One student noticed unusual traces. Forensic chemists conducted radioimmunoassays and high-performance liquid chromatography on the year-old samples, which had been preserved in formalin. The forensic chemists were able to detect the presence of paraquat, a poisonous water-soluble ammonium compound used in some weedkillers. The gardener's widow admitted adding weedkiller to her husband's drink. She was convicted of murder.

単語リスト

forensic chemistry　司法化学／London Metropolitan Police Forensic Laboratory ロンドン警視庁司法化学研究所／murder　殺人／sample　試料, 標本／landscape gardener　庭師, 造園師／unusual　普通ではない／trace　痕跡／conduct　実行する, 行う／radioimmunoassay　放射免疫検出法／high-performance liquid chromatography　高性能液体クロマトグラフィー／preserve 保存する／formalin　ホルマリン／detect　検出する／presence　存在／paraquat　パラコート／poisonous　有毒な／water-soluble　水溶性の／ammonium　アンモニウム／compound　化合物／weedkiller　除草剤／widow

未亡人／admit　認める／convict　有罪を宣告する

司法化学

　ロンドン警視庁司法化学研究所の司法化学者が解決した殺人事件の実例である．庭師の死体からの検体を医学部の学生が通常の手順どおりに検査したところ，異常な痕跡が見つかった．ホルマリンで保存された検体はすでに1年が経過していたが，放射免疫検出法と高性能液体クロマトグラフィーにより，司法化学者は除草剤に使用されている毒物，水溶性アンモニウム化合物であるパラコートの存在を検出することができた．庭師の妻は夫の飲み物に除草剤を入れたことを認め，殺人で有罪となった．

第 30 講

この本を読み終わる時が本当の出発点

「化学英語 30 講」もこれが最終講になりました. ここで, もう一度化学英語の力を測ってみましょう. 「クイズ B」に答えてみてください.

● クイズ B

Q. 1 「中和反応が起こった.」は次のどちらの文が正しい？【第 13 講より】

A) A neutralization reaction was occurred.

B) A neutralization reaction occurred.

Q. 2 森の中を歩いているとリンゴが 1 つ落ちていました. それを拾い上げてあなたが言うセリフは？ （ ）の中には何が入りますか？ 何も入らない場合は×を入れてください.【第 14 講より】

▶ Oh here is ( ) apple.

Q. 3 市場で買ってきたリンゴをあなたが冷蔵庫にしまおうとすると, 1 つコロコロと部屋の隅に転がっていきました. ソファーの陰になっていたリンゴを見つけてあなたが言うセリフは？ （ ）の中には何が入りますか？ 何も入らない場合は×を入れてください.【第 14 講より】

▶ Oh here is ( ) apple.

Q. 4 次の （ ）の中には何が入りますか？ 何も入らない場合は×を入れてください.【第 14 講より】

▶ I know ( ) molecular structure of Compound A.

（私は化合物 A の分子構造を知っている.）

Q. 5 あなたの職業は？と聞かれて, 「研究者です.」と答えました. （ ）の中には何が入りますか？ 何も入らない場合は×を入れてください.【第 14 講 Tea Time より】

▶ I am ( ) researcher.

159

Q. 6 次の2つの文の意味はどう違いますか？【第15講より】

A) The actual spectrum of C_{60} not only shows a monomer peak but also another peak, possibly due to some impurities.

B) The actual spectrum of C_{60} not only shows a monomer peak but also another peak due to some impurities.

Q. 7 次の（　）の中には何が入りますか？　何も入らない場合は×を入れてください．【第16講より】

▶ (　　　　　) speed of chemical reactions in general increases with (　　　　　) increase in (　　　　) temperature.

Q. 8 次の（　）の中には何が入りますか？　何も入らない場合は×を入れてください．【第16講より】

▶ After addition of Compound A and Compound B, (　　　　) resulting solution was reacted at (　　　　) room temperature for 8 hours to form (　　　　) desired product.

Q. 9 「生じた沈澱をろ過した」は次のどちらの文が正しい？【第17講より】

A) The resulting precipitate was filtered.

B) The resulted precipitate was filtered.

Q. 10 例にならって名詞句を短く（名詞だけの組み合わせに）してください．【第20講より】

例) A test for evaluating the resistance of a sample to a chemical ⟶ A <u>chemical</u> <u>resistance</u> <u>test</u>

▶ Equipment for distillation of a solvent ⟶ ＿＿＿ ＿＿＿ ＿＿＿

●解答

A. 1 B

A. 2 an

A. 3 the

A. 4 the

A. 5 a

A. 6 Aの文は「C_{60}の実際のスペクトルではモノマーのピークのみならず，もう一つのピークが見られるが，それはことによると，若干の不純物が原

因である.」と「possibly」が加わることにより，可能性を示しているが，Bの文は「C_{60}の実際のスペクトルではモノマーのピークのみならず，もう一つのピークが見られるが，それは若干の不純物が原因である.」と断定している.

A. 7　The，an，×

A. 8　the，×，the

A. 9　A

A. 10　Solvent distillation equipment

さて，今度のクイズでは14問中何問正解でしたか？

・正解が12問以上のみなさんは161ページの，私からのメッセージAをお読み下さい.

・正解が8〜11問のみなさんは161ページの，私からのメッセージBをお読み下さい.

・正解が7問以下のみなさんは161ページの，私からのメッセージCをお読み下さい.

・正解数にかかわらず「もっと力をつけたい」と思っている学生のみなさんは162ページの，私からのメッセージDをお読み下さい.

正解の数が多かった方も少なかった方も，今のみなさんの化学英語のレベルは本書を読む前に比べて確実に上がっています．これからは，英語の大海原にどんどんこぎ出して行きましょう．キーワードは「楽しい」「おもしろい」「ワクワク」です．みなさんの興味のおもむくまま，洋書を読んだり，インターネット上のいろいろなサイトをご覧になるといいと思います.

そうはいってもこの膨大なインターネットの情報を前に，どこから手をつけたらよいのか途方に暮れてしまう方もいらっしゃるかもしれません．そんな時には，ブログ「Scientific English」【note 1】をご利用ください．化学に限らず，広い意味で科学の興味深いトピックを1日1回ご紹介しています.

例えば2017年8月18日付投稿のタイトルは「ホッキョクグマがさらにアザラシを食べなくてはいけなくなったわけ」．60-Second Science を聞いて，簡単なクイズ1問に答えてもらう形式になっています．クイズだけやってみる，というの

もアリですね.

2017 年 7 月 31 日付投稿のタイトルは「鳥肌が立つ音楽と涙が溢れる音楽を科学する」. こちらは Nature Human Behaviour に掲載された論文のご紹介です. ネイチャーが提供する要約（英語／日本語訳あり）や原著論文にもアクセスできるので, 気が向いたらリンク先の論文にも是非チャレンジしてください. たくさん論文を読むことは, 将来みなさんの研究を論文にまとめる時の基礎力になることをお約束します.

●メッセージ A：読む・聞く基礎は十分です

素晴らしい. この本はもう卒業です. 十分なインプット（読む, 聞く）により, アウトプット（書く, 話す）の力がついてきます. 是非, これからも化学英語を読み, そして聞き続けて, 力をつけていってください.

●メッセージ B：本書でさらなる基礎固めを

大学の授業なら単位が取得できるレベル. でも, もう一度この本を読んでみると, 前回注意が向かなかったこと, 読み飛ばしていたことなどに気がつくかもしれません. できればもう一度本書を読んでみて, 再度クイズに挑戦してみてください. 朝倉書店のウェブサイトに再チャレンジ用の「クイズ C」が用意してあります. ▶ http://www.asakura.co.jp/books/isbn/978-4-254-14675-2/

●メッセージ C：英語にしたしむきっかけを見つけるために

間違えた問題は冠詞？　動詞の形容詞化？　それとも複合名詞？　文法は嫌いという方もいるでしょう. でも, ちょっとした文法の知識があることで, ずっと正確に英語を理解できるようになるのです. もう一度本書をパラパラとめくってみて, 最初に飛ばし読みをした箇所があるなら, 今回はじっくりと読んでみてください. それからウェブ上に用意した「クイズ C」にチャレンジしてみてください. 次回は必ず正解率が上がっているはずです. ▶ http://www.asakura.co.jp/books/isbn/978-4-254-14675-2/

●メッセージD：さらに力をつけるには

　以前に英語の力をつけるのは，筋トレやダイエットに似ている，と申しました（第7講 Tea Time「あなたはダイエット派？　それとも筋トレ派？」）．地道な努力には必ず結果がついてきますが，結果が出たからと，そこで止めてしまうと，やがて元に戻ってしまいます．大切なことは「ベクトルを上向きにすること」．今のあなたの英語力がどのレベルであろうと，ベクトルが上向きであれば，将来必ず英語はもっともっとできるようになるのです．

　では，どうすればベクトルが上向きになるのか？

　それには，「気持ち」と「行動」の2つが関わってきます．

・**気持ちが大切**

　化学英語って面白いなぁ，上達したいなぁ，とポジティブな気持ちでいると，上達は速いです．例えば，水を飲むことは体にいいことだから，どんどん水を飲みなさい．と言われても，のどが渇いていないと，たくさんは飲めません．のどが渇いている時の冷たい水は本当に美味しくて，ごくごく飲んでしまいますよね．勉強も同じで，学びたい，と思っている時，私たちが読んだこと，学んだことは，スーッと頭の中に入ってくる．

　英語のことわざに「You can lead a horse to water, but you can't make him

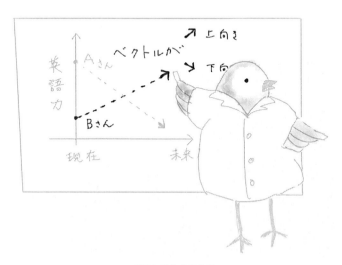

ベクトルを上向きに

drink」というのがあります．「馬を水辺へ連れて行くことはできても，水を飲ませることはできない」．結果を出したいのなら「本当に身につけたい」と強く思う「気持ち」がとても大切．

・行動で決まる

　気持ちはとても大切だけど，単に「思っているだけ」では，何も始まりません．やはり決め手は行動すること．化学英語の力を高める近道は，化学英語に慣れることです．本書で紹介したリピーティングやシャドーイングを自分でもやってみる．面白そうと思った英文に出会ったらどんどん読んでみる．ポッドキャストを聞いたり，YouTube で英語の解説つきの映像を見てみる．多少わからないことがあっても気にしない，気にしない．本書を通じてウォーミングアップは十分できています．恐れずにまずは第一歩を踏み出してください．応援しています．

【note 1】ブログのアドレスはこちらです．▶ http://scientificeng.blogspot.fr/ 同じ内容を Twitter（▶ https://twitter.com/MiyamotoKeiko）と Facebook page（▶ https://www.facebook.com/KagakuEigo/）でも発信しています．

付　録

数，単位，略号について

　科学的な文章に数字はつきもの．でも数字や式の読み方は意外に知られていないようです．ここでは簡単なものをいくつか取り上げます．そのほか，ギリシャ語やラテン語の数字は化合物の名前などに多用されているので，知っておくと大変便利です．

●数字と式

整数：1, 2, 3, 4, ..., n, $(n + 1)$, $(n + 2)$, ...

読み方：one, two, three, four, ..., n, open parenthesis n plus one close parenthesis, open parenthesis n plus two close parenthesis, ...【note 1】

小数：0.1, 0.11, 0.135, -0.1, -0.003, 15.1437

読み方：zero point one, zero point one one, zero point one three five, minus zero point one, minus zero point zero zero three, fifteen point one four three seven【note 2】

分数：$\dfrac{1}{2}$, $\dfrac{1}{3}$, $\dfrac{1}{4}$, $\dfrac{1}{5}$, $\dfrac{2}{3}$, $\dfrac{3}{5}$, $4\dfrac{2}{7}$, ..., $\dfrac{1}{a}$, $\dfrac{b}{c}$

読み方：a half, one third, a quarter, one fifth, two thirds, three fifths, four and two sevenths, ..., one over a, b over c【note 3】

　足し算は addition，記号（＋）は plus，引き算は subtraction，記号（－）は minus，掛け算は multiplication，記号（×）は times，割り算は division，記号（÷）は divided by と読みます．等号（＝）は「is equal to」，「equals」または「is」と読みます．

- $a + b = c$ ▶ a plus b is equal to c
- $a - b = c$ ▶ a minus b is c
- $a \times b = c$ ▶ a times b equals c

・$a \div b = c$ ▶ a divided by b is equal to c

その他の読み方は下記の通り.

・ab ▶ ab; a multiplied by b　　・a^{-n} ▶ a to the minus n

・a^2 ▶ a squared　　　　　　　　・$\sqrt{a}$ ▶ square root of a

・a^3 ▶ a cubed　　　　　　　　　・$\sqrt[3]{a}$ ▶ cube root of a

・a^n ▶ a to the n（a to the nth）　・$\sqrt[n]{a}$ ▶ nth root of a

●ギリシャ語とラテン語の数字

　ギリシャ語，ラテン語の数字とそれが使われる化学用語の例を次ページの表にまとめました．このほか poly はギリシャ語で「多数の」（例：**poly**mer（多量体，ポリマー）），oligo はギリシャ語で「少数の」（例：**oligo**mer（オリゴマー），**oligo**saccharide（オリゴ糖））という意味です．

●単位について

　日本語では数字の大きさにかかわらず単位は単数です．つまり「1 g」も「3 g」も同じように「グラム」と読みます．しかし英語では 1 g = 1 gram（英国では 1 gramme），3 g = 3 grams（英国では 3 grammes）と単位も複数になります．さて，1 以上の分数や小数が複数扱いというのは理解しやすいと思いますが，1 未満の場合はどうなるのでしょう？　例えば「0.8 g」は「0.8 gram」ですか？　それとも「0.8 grams」なのでしょうか？

　結論から言うと，1 以外の数字は全て複数扱いになります．例えば -0.5℃ は「minus zero point five degrees Celsius」と読みます．

　では，ゼロは？　実はゼロも複数扱いで，0 L は「zero liters」と読むのです．

●略号

　最後によく使用される略号および記号を 167 ページの表にまとめました．

【note 1】かっこ （　） は parenthesis（複数は parentheses）です．英語も日本語と同じように（$n + 1$）を読むときは，「かっこ開き，n 足す 1，かっこ閉じ」という言い方をし，この場合「かっこ」は単数形「parenthesis」を使います．「かっこの中に～を入れる」というのは「put ～ in parentheses」で「かっこ」は複数形になります．

166   付　　録

表　ギリシャ語とラテン語の数

数字	ギリシャ語	ラテン語	使用例
1	mono	uni	一硫化炭素 carbon monosulfide（CS）
2	di	bi	二酸化炭素 carbon dioxide（CO_2）
3	tri	ter	三量体 trimer
4	tetra	quadri	四面体 tetrahedron
5	penta	quinque	ペンタン pentane（C_5H_{12}）
6	hexa	sexa	六角形 hexagon
7	hepta	septa	ヘプタン heptane（C_7H_{16}）
8	octa	octa	八面体の octahedral
9	ennea	nona	ノナン nonane（C_9H_{20}）
10	deka	deca	デカン decane（$C_{10}H_{22}$）
11	hendeka	undeca	ウンデカン undecane（$C_{11}H_{24}$）
12	dodeka	dodeca	ドデカン dodecane（$C_{12}H_{26}$）
13	trideka	trideca	トリデカン tridecane（$C_{13}H_{28}$）
14	tetradeka	tetradeca	テトラデカン tetradecane（$C_{14}H_{30}$）
15 〜 19	pentadeka 〜 nonadeka	pentadeca 〜 nonadeca	ペンタデカン pentadecane（$C_{15}H_{32}$）〜ノナデカン nonadecane（$C_{19}H_{40}$）
20	icosa		イコサン icosane（$C_{20}H_{42}$）
21	henicosa		ヘニコサン henicosane（$C_{21}H_{44}$）
22	docosa		ドコサヘキサエン酸 docosahexaenoic acid（$C_{22}H_{32}O_2$）
23 〜 29	tricosa 〜 nonacosa		トリコサン tricosane（$C_{23}H_{48}$）〜ノナコサン nonacosane（$C_{29}H_{60}$）
30	triaconta		トリアコンタン triacontane（$C_{30}H_{62}$）
40	tetraconta		テトラコンタン tetracontane（$C_{40}H_{82}$）
50 〜 90	pentaconta 〜 nonaconta		ペンタコンタン pentacontane（$C_{50}H_{102}$）〜ノナコンタン nonacontane（$C_{90}H_{182}$）
100	hecta	centi	ヘクタン hectane（$C_{100}H_{202}$）
1000	kilia	milli	キリアン kiliane（$C_{1000}H_{2002}$）

【note 2】小数点以下の zero はアルファベットの「O」に似ているので「オー」と発音することもあります．（例：0.03 は「zero point O［ou］three」）．ジェイムズ・ボンドのコードネーム「007」にも「ゼロゼロセブン」という読み方と「ダブルオーセブン」という読み方の２つがありますね．

【note 3】分母，分子とも数字で表された分数は $\frac{1}{2}$（a half），$\frac{1}{4}$（a quarter）を除き，分子（numerator）は基数（cardinal number，例：one，two，three など）で，分

表　略号および記号

略号 / 記号	ラテン語	英語	日本語
aq.	aqua	aqueous	水，液
atm.		atmosphere	気圧
av.		average	平均
b.p.		boiling point	沸点
ca.	circa	about	約
cf.	confer	compare	比較せよ
conc.		concentrated	濃い
dil.		dilute	薄い
et al.	et alii	and others	およびその他の人
etc.	et cetera		～など
e.g.	exempli gratia	for example	例えば
Eq		equivalent	当量
fig.		figure	図
id.	idem	the same	同著者，同書物の
i.e.	id est	that is	すなわち
m.p.		melting point	融点
vs.	versus	versus	～対～
vol		volume	体積
wt		weight	重量

母は序数（ordinal number，例：third，fourth，fifth など）を使って表現します．また，分子が 2 以上の数の場合，分母の序数が複数形になることに注意してください．例えば，$\frac{1}{3}$ は「one third」ですが $\frac{5}{8}$ は「five eighths」と s がつくのです．ところで，分子や分母が数字ではない，例えば a や b などの記号の場合は「over」を使い，例えば，$\frac{a}{b}$ は「a over b」と読みます．分子や分母が非常に大きな数の場合も同様に「over」を使って表現します．例えば，$\frac{1000}{12345}$ は「1000 over 12345」と読みます．

例文リスト

第12講～第20講の文法解説で取り上げた例文をリストアップしました．各講末にまとめて載せた和訳とあわせて，力試しや復習にぜひ活用してみてください．

S. 1　Lead melts at a temperature of 328℃.

S. 2　A neutralization reaction occurs.

S. 3　An acid reacts with a base to form a salt.

S. 4　The shape of crystals is important.

S. 5　It seems useless to do it again.

S. 5′　Its repetition seems useless.

S. 6　The disproportionation reaction appears unlikely to occur.

S. 7　The development of efficient sensors for the detection of volatile organic compounds remains a significant scientific endeavor.

S. 8　We reacted equal moles of CO and Cl_2 at 100℃.

S. 9　Equal moles of CO and Cl_2 were reacted at 100℃.

S. 10　The foregoing discussion suggests that the reaction between chlorine and alkene such as propylene would be complex.

S. 11　Modern chemistry has given man new plastics, fuels, metals, alloys, fertilizers, building materials, drugs, energy sources, etc.

S. 12　The rapid increase in the number of known organic compounds during the nineteenth century made the problem of keeping up with knowledge about them more and more formidable.

S. 13　Gas chromatographic-mass spectrometric (GC-MS) analyses were carried out on a GCMS-QP2010 SE.

S. 14　The reaction proceeds.

S. 15　The reaction would proceed.

S. 16　The Big Bang must have produced equal amounts of matter and antimatter.

S. 17　Gasoline will float on water.

S. 18　Gasoline floats on water.

S. 19　The reaction can last between 1-24 hours.

S. 20　The mixture should explode in a few moments.

S. 21 This does not mean that the reaction would certainly happen as there are other factors, such as activation energy.

S. 22 When two or more reactants are mixed and a change in temperature, color, etc. is noticed, a chemical reaction is probably occurring.

S. 23 Water and highly polar side products will hopefully be retained on the silica column, while the desired product will hopefully wash through.

S. 24 The actual spectrum of C_{60} not only shows a monomer peak but also another peak, possibly due to some impurities.

S. 25 Copper reacts with nitric acid and sulfuric acid.

S. 26 Acids are ionic compounds (a compound with a positive or negative charge) that break apart in water to form a hydrogen ion (H^+).

S. 27 Glucose, fructose and galactose are monosaccharides (simple sugars).

S. 28 The speed of chemical reactions in general increases with an increase in temperature.

S. 29 Water boils at a higher temperature than other liquids.

S. 30 Some precipitates lose water readily in an oven at temperatures of 110°C to 130°C.

S. 31 A thermodynamic diagram with temperature as the abscissa and pressure as the ordinate.

S. 32 The boiling temperature of water is 100°C.

S. 33 After addition of Compound A (10.4 mmol) and Compound B (0.8 mmol) to water, the resulting solution was reacted at room temperature for 8 hours to form the desired product.

S. 34 Effectively, the amount of blood oxygen will increase in this process.

S. 35 Effectively, this process will increase the amount of oxygen in the blood.

S. 36 A series of nickel (II) complexes comprising N, N, N', N'-tetramethyl-ethylenediamine (tmen), benzoylacetonate (bzac), and a halide anion (X), $Ni(tmen)(bzac)X \cdot n(H_2O)$ (n = 1-4, X = Cl^-, Br^-, I^-), have been synthesized.

S. 37 A green plant produces oxygen.

S. 38 We need a green plant which produces oxygen.

S. 39 We need an oxygen producing green plant.

S. 40 We need oxygen which is produced by a green plant.

S. 41 We need oxygen produced by a green plant.

S. 42 A precipitate resulted.

S. 43 The resulting precipitate was filtered.

S. 44 The solution was heated at 35°C for 4 hours.

S. 45 When pressure is applied to a liquid, its volume decreases.

S. 46 A comprehensive study of the process of adsorption of a nonionic surfactant $C_{18}E_{112}$ onto poly(styrene) (PS) latex particles by small-angle X-ray scattering (SAXS) is presented.

170   付   録

S. 47　The white precipitate was separated by filtration.

S. 48　The white precipitate was separated with a filter paper.

S. 49　After it is cooled down to room temperature, the solution was poured into ethyl acetate (100 mL) and the organic phase was washed three times with 300 mL of water.

S. 50　Application of this method to studies on the phytoplankton biomass and its environments is described.

S. 51　Growth and isolation of avian flu virus are described.

S. 52　Research and development is also referred to as R&D and can be translated as *kenkyu kaihatsu*.

S. 53　Application or uses are noted.

S. 53′　Uses or application is noted.

S. 54　This group of chemicals is regarded as cholinesterase inhibitors.

S. 55　It is interesting to note that many terpenoids also exhibit considerable toxicity to some insects but very low toxicity to mammals, and this group of chemicals are present in a host of spices, and flavors.

S. 56　Five grams of KOH is added to the solution.

S. 57　Each test tube and each holder is sterilized before use.

S. 58　Each student and every professor are invited.

索　引

欧　文

60-Second Science　58

a change in temperature　88
about　96
appear　67
at　95

BBC News　58
by　96

Chem4Kids　16
comprise　94
conclude　71
consist　94

demonstrate　71
dvi-　23

Education.com　10
〜 ed 形　91
eka-　23

for　95

head noun　103

in　88, 95
indicate　71
〜 ing 形　91
into　96
IUPAC　25

of　75, 88
on　95, 96
onto　96

Periodic Table Writer　27

qualifier　103
Quizlet　16

R&D　100
rate　120
resulting precipitate　92
RT　87

Science in the News　57
Scientific American　58
Scientific English　160
SciFinder　137
sea of free electrons　12
seem　67
show　71
Stated Clearly　123
suggest　71

temperature　86
to　96
tri-　23

VOA（Voice of America）　57

will　82
with　96

ア　行

アブストラクト　94, 134
アメリカ化学会　134
アリザリン　151
ある〜　80
アルカン　33
アルキン　33
アルケン　33
アルコールを示す語尾　5
アルデヒドを示す語尾　5
アルーミナム　25
アルミニウム　25

言い換え　78, 101
　一連の〜　102
一般的性質　82
意訳　82
医薬品　152
イントネーション　55
引用　134

受け身　70
　物質を主語にした――　70

英英辞典　124
液体クロマトグラフィー　157
エーテル　34

オービタル　109
オリジナル音源　39, 46
温度　86
　数値で表される――　86
音読　41, 60, 61
温度変化　88

カ　行

回転遷移　130
化学反応式　17
　英語の――　17
　――の読み方　21
化学療法　155
書き言葉　73
核酸塩基　122
確実　82
確率　82
化合物　1
過去形　135
過去分詞　90, 93
　――を置く位置　93
可算名詞　77, 85
可視領域　128
カタカナ英語　55
かっこ　165

索　引

可能性　81
関係代名詞　89
冠詞　49, 63, 74
　　──の使い方　76
顔料　151

基数　166
軌道　110
キーフレーズ　15, 43
求核置換反応　118
共役二重結合　128
ギリシャ語　164
キーワード　14, 43, 50, 63

繰り返し　78

形式主語　67
結果　136
結論　137
ケトンを示す語尾　5
研究開発　100
現在完了形　94, 135
現在形　135
現在分詞　89, 124
原子軌道　112
原書　131
元素の英語名　28
原著論文　161

光合成　50
考察　136
抗生物質　152
酵素を示す語尾　5
後置　93
口頭発表　73
コチニール　151
コミュニケーション　54
固有名詞　76
語呂合わせ　26

サ　行

錯体　117
サマリー　15, 50
サルファ剤　152
参考文献　137

ジオード　7
紫外領域　128

事実　82
時制　94
実験器具　2
実験項　135
実験の手順　7
司法化学　157
シャドーイング　41, 61, 64
周期表　22, 26
集合名詞　90, 101
熟語　100
主語　98
手段　96
受容体　155
種類（名詞の）　85
生じた沈澱　92
初出の名詞　75, 78
序数　167
助動詞　81
シリーズ　102
振動数　130
人名反応　2

水酸化物イオン　36
水兵リーベ僕の船　26
推量　81
数字　164
数値　86
ストランド　122
ストレス　56
スピーキング　41

精読　123, 138
赤外領域　129
接頭辞　4, 23
接尾辞　5
ゼロ　165
遷移金属　128
先行研究　132
前置詞　49, 63, 95
専門用語　1
染料　151

増加（〜の）　88
装置の名前　76
速読　138
卒業研究　132
その〜　80

タ　行

耐〜性　104
第一文型　66
第二文型　67
確からしさ　84
多読　138
単位　101, 165
炭化水素　33
単文　90

置換基を表す接頭辞　4
逐語訳　82
チタニウム　32
チタン　31
抽象的な概念　86
抽象名詞　77, 85
中枢神経系　156

定冠詞　74
定量分析　129
電子遷移　128
電子の存在確率　110
電磁波　130
天然物質　144

動詞　72
　　──の形容詞化　161
動詞から作る形容詞　91
同定　129
動名詞　108
トピックセンテンス　15, 141

ナ　行

二元化合物　33
日本人なまりの英語　55
ニホニウム　31

ノーベル賞　114, 120

ハ　行

配位化合物　114
配位結合　114
倍数接頭辞　4
発音　28
　　正確な──　28, 55, 61
発音練習　41
話し言葉　73

パラグラフ・リーディング　15,
　141
パラコート　157

必須栄養素　155
ヒドロキシ基　36
百科事典　140

不可算名詞　77, 85
複合主語　100
複合名詞　103, 161
　　英語の——　104
　　日本語の——　104
副詞　81, 83
　　不確かさを表す——　83
複文　90, 91
不確かさ　81
普通名詞　76, 86
物質名詞　77, 85
不定冠詞　74
普遍的事実　136
ブログ　62, 160
プロソディー　55
フロンティア軌道理論　120
文型　66, 70
分光学　126
分子間力　151

分子軌道法　111
分詞構文　124
分子生物学　121
分子の対称性　129
分数　166
文法　124

ペニシリン　155

ボーアの原子モデル　110
母音　77
母音字　78
方向　96
方法　96
補色　129
ポッドキャスト　58, 62

マ 行

見かけ上単数　90

無冠詞　85
無機化合物　37

名詞句　90
名詞節　90
命令形　7
メモ　49, 65

——の取り方　54
メンデレーエフ, ドミトリ　22,
　126

ヤ 行

薬物　156

有機化学反応機構　118
有機化合物　34
有機電子論　118

葉酸　155
抑揚　56

ラ 行

ラテン語　164

リズム　56
リピーティング　41, 61, 64
略号　165

論文　71, 132

ワ 行

ワクチン　155

著者略歴

宮本惠子
（みやもとけいこ）

千葉県市川市生まれ
お茶の水女子大学理学部化学科卒業
企業・団体等で翻訳・通訳業務に従事
2005 年にお茶の水女子大学博士後期課程修了，博士（理学）
立教大学特任准教授を経て，2014 年までお茶の水女子大学特任教授
現在は立教大学兼任講師（担当科目は化学英語）

やさしい化学 30 講シリーズ 5
化学英語 30 講
—リーディング・文法・リスニング—　　　　定価はカバーに表示

2017 年 10 月 10 日　　初版第 1 刷
2021 年 11 月 25 日　　　　第 3 刷

著　者　宮　本　惠　子

発行者　朝　倉　誠　造

発行所　株式会社　朝　倉　書　店

東京都新宿区新小川町 6-29
郵 便 番 号　1 6 2 - 8 7 0 7
電　話　03（3260）0141
F A X　03（3260）0180
https://www.asakura.co.jp

〈検印省略〉

© 2017〈無断複写・転載を禁ず〉　　　　　　　新日本印刷・渡辺製本

ISBN 978-4-254-14675-2　C 3343　　　　　　Printed in Japan

JCOPY ＜出版者著作権管理機構 委託出版物＞
本書の無断複写は著作権法上での例外を除き禁じられています．複写される場合は，
そのつど事前に，出版者著作権管理機構（電話 03-5244-5088，FAX 03-5244-5089,
e-mail: info@jcopy.or.jp）の許諾を得てください．